Heidelberger Taschenbücher Band 207

Heinrich Zankl

Humangenetik

Fragen und Antworten

Mit 6 Abbildungen

Springer-Verlag Berlin Heidelberg GmbH

Professor Dr. H. ZANKL
Institut für Humangenetik
der Universität des Saarlandes
D-6650 Homburg/Saar

ISBN 978-3-540-10125-3

CIP-Kurztitelaufnahme der Deutschen Bibliothek
Zankl, Heinrich:
Humangenetik: Fragen und Antworten/H. Zankl.
– Berlin, Heidelberg, New York: Springer, 1980.
(Heidelberger Taschenbücher, Bd. 207).
ISBN 978-3-540-10125-3   ISBN 978-3-642-87022-4 (eBook)
DOI 10.1007/978-3-642-87022-4

Das Werk ist urheberrechtlich geschützt. Die dadurch begründeten Rechte, insbesondere die der Übersetzung, des Nachdruckes, der Entnahme von Abbildungen, der Funksendung, der Wiedergabe auf photomechanischem oder ähnlichem Wege und der Speicherung in Datenverarbeitungsanlagen bleiben, auch bei nur auszugsweiser Verwertung, vorbehalten. Bei Vervielfältigungen für gewerbliche Zwecke ist gemäß § 54 UrhG eine Vergütung an den Verlag zu zahlen, deren Höhe mit dem Verlag zu vereinbaren ist.
© by Springer-Verlag Berlin Heidelberg 1980
Ursprünglich erschienen bei Springer-Verlag Berlin Heidelberg New York 1980

Die Wiedergabe von Gebrauchsnamen, Handelsnamen, Warenbezeichnungen usw. in diesem Werk berechtigt auch ohne besondere Kennzeichnung nicht zu der Annahme, daß solche Namen im Sinne der Warenzeichen- und Markenschutz-Gesetzgebung als frei zu betrachten wären und daher von jedermann benutzt werden dürften.
Gesamtherstellung: Carl Ritter & Co., Wiesbaden
2131/3130-543210

Vorwort

Die Humangenetik gehört zu den „kleinen Fächern", denen die Medizinstudenten bei ihrer Vorbereitung auf den 1. Abschnitt der ärztlichen Prüfung bisher nur wenig Beachtung geschenkt haben. Durch die Verschärfung der Prüfungsbedingungen ist es jedoch notwendig geworden, sich auch auf dieses Fach intensiv vorzubereiten.

Da es nicht möglich ist, kurz vor der Prüfung ganze Lehrbücher durchzuarbeiten, erschien es sinnvoll, einen Text zur Verfügung zu stellen, der ohne großen Zeitaufwand mit den für die Prüfung wichtigsten Themen vertraut macht. Das vorliegende Büchlein ist aus einem Seminar für Prüfungskandidaten hervorgegangen, das sich bei den Studenten großer Beliebtheit erfreut. Durch die Orientierung des Textes an einzelnen Fragen hat der Student Gelegenheit, die Prüfungssituation zu simulieren und sein Wissen zu kontrollieren. Die Antworten wurden so umfassend gestaltet, daß klar wird, warum eine bestimmte Antwort richtig ist und daß auch andere Fragen zum gleichen Themenkreis beantwortet werden können. Soweit notwendig, wurde auch auf Unklarheiten und bewußte Fallen in der Fragestellung hingewiesen, um den Blick der Studenten für solche Prüfungserschwernisse zu schärfen.

Die etwa 150 hier zusammengetragenen Fragen stammen zum größten Teil aus vorangegangenen Prüfungen und machen daher deutlich, auf welche Gebiete der Humangenetik in der Prüfung besonderer Wert gelegt wird. Um einen möglichst aktuellen Stand zu erreichen, wurden auch die Fragen aus der Prüfung im März 1980 aufgenommen. Daß es trotzdem gelungen ist, das Büchlein rechtzeitig zum Prüfungstermin im Sommer 1980 fertigzustellen, war nur durch den persönlichen Einsatz von Herrn Dr. Czeschlik und Frau Schuhmacher vom Springer-Verlag möglich, wofür ich mich hier herzlich bedanken möchte.

Homburg/Kaiserslautern, im Frühjahr 1980 H. Zankl

Inhalt

Abschnitt 1: Biochemische Grundlagen der Humangenetik 1
Abschnitt 2: Chromosomen des Menschen 5
Abschnitt 3: Chromosomenaberrationen 19
Abschnitt 4: Formale Genetik (Mendelsche Erbgänge) .. 37
Abschnitt 5: Multifaktorielle (polygene) Vererbung 64
Abschnitt 6: Zwillinge in der humangenetischen Forschung 71
Abschnitt 7: Mutationen beim Menschen 78
Abschnitt 8: Populationsgenetik 80
Abschnitt 9: Enzymdefekte und deren Folgen 93
Abschnitt 10: Genetische Beratung 97
Abschnitt 11: Möglichkeiten des genetischen Abstammungsnachweises 120
Sachverzeichnis 129

Abschnitt 1: Biochemische Grundlagen der Humangenetik

Frage 1: Die Veränderung der genetischen Information an einem Genort, z. B. durch Basenersatz (Punktmutation), kann zur Folge haben, daß

1. eine veränderte Polypeptidkette und als Folge ein unwirksames Enzym gebildet wird
2. die Bildungsrate des Genproduktes vermindert wird
3. überhaupt kein erkennbares Genprodukt gebildet wird
4. ein verändertes, aber in seiner Wirkung nicht erkennbar beeinflußtes Genprodukt gebildet wird.

A. Nur 1 ist richtig.
B. Nur 2 und 3 sind richtig.
C. Nur 1, 2 und 4 sind richtig.
D. Nur 2, 3 und 4 sind richtig.
E. 1–4 = alle sind richtig.

Es handelt sich um eine echte Prüfungsfrage.
Antwort E ist richtig.

Das Auftreten eines unwirksamen Enzyms als Folge einer Punktmutation ist die Ursache für viele Stoffwechselstörungen. Allein im Abbauweg des Phenylalanins sind mindestens 5 Enzymdefekte bekannt, die schwere Stoffwechselerkrankungen verursachen (Phenylketonurie, Hyperphenylalaninämie, Tyrosinämie, Alkaptonurie, Albinismus).

Eine Veränderung in der Bildungsrate des Genproduktes ist vor allem dann zu erwarten, wenn kein Strukturgen, sondern ein Regulatorgen von der Mutation betroffen ist. Diese Möglichkeit wird für die Entstehung der Thalassämien diskutiert, weil bei diesen Erkrankungen die quantitative Zusammensetzung der Hämoglobinmoleküle verändert ist. Bei den α-Thalassämien ist die Zahl der α-Ketten vermindert, bei den β-Thalassämien, die der β-Ketten.

Als Beispiel für eine Mutation, die die Herstellung eines Genproduktes ganz verhindert, kann die Blutgruppe 0 angesehen werden. Wenn auf beiden Chromosomen am AB0-Locus die Variante 0 vorhanden ist, werden keine Erythrozyten-Antigene des AB0-Systems gebildet.

Sehr häufig betrifft eine Mutation ein Gen an einer relativ unwichtigen Stelle. Die Aminosäurensequenz wird dadurch zwar verändert, die Funktion bleibt aber voll erhalten. Allein für das Hämoglobingen sind etwa 100 solcher Varianten (Polymorphismen) bekannt.

Frage 2: Hämoglobinketten − Sturkturgene sind im Genom aktiv in

A. Knochenmarkszellen
B. Mesenchymzellen
C. allen Blutzellen
D. Epithelzellen
E. Erythropoese befindlichen Zellen

Es handelt sich um eine Prüfungsfrage, die aus einer Fragensammlung von Studenten stammt. Die Formulierung der Originalfrage kann daher etwas abweichen.
Antwort E ist richtig.

Die Gene, die für den Aufbau der Hämoglobinmoleküle verantwortlich sind, entfalten ihre Aktivität nur in den Vorstufen der Erythrozyten. Das Hämoglobinmolekül besteht aus vier Peptidketten mit je einem Fe^+-haltigen Porphyrinring (Häm), der über Nebenvalenzen O_2 aufnehmen kann. Das Hämoglobin des erwachsenen Menschen besteht zu 98% aus HbA_1, das aus 2α- und 2β-Ketten aufgebaut ist. Zu 2% kommt auch HbA_2 vor, das aus je 2α- und 2δ-Ketten aufgebaut ist. Beim Feten findet man das HbF, das sich aus 2α- und 2γ-Ketten zusammensetzt. Die Polypeptidketten bestehen aus 141−146 Aminosäuren und es sind zahlreiche Punktmutationen bekannt, die diese Aminosäuresequenzen verändern (siehe auch Fragen 5, 106). Man kann also davon ausgehen, daß mindestens 4 Gene für die Synthese von Hämoglobin vorhanden sind, die zu unterschiedlichen Zeiten in der Entwicklung aktiv werden und deren Aktivität auf einen Zelltyp beschränkt ist.

Frage 3: Welche Aussage trifft *nicht* zu?

A. Transfer-RNA-Moleküle können nur einmal mit der für sie spezifischen Aminosäure beladen werden.
B. Die m-RNA entsteht an der DNA durch Transkription unter Mitwirkung einer DNA-abhängigen RNA-Polymerase.
C. Die Moleküle der Transfer-RNA tragen jeweils zwei Erkennungsregionen.
D. Die DNA liegt im menschlichen Genom als Doppelstrang vor.
E. Die m-RNA wird als Einzelstrang gebildet.

Es handelt sich um eine echte Prüfungsfrage.
Antwort A ist richtig.

Obwohl nach meiner Kenntnis in fast keinem Lehrbuch besonders darauf hingewiesen wird, daß die t-RNA-Moleküle mehrfach verwendbar sind, kann aus dem Gesamtablauf der Translation geschlossen werden, daß diese spezifischen Moleküle nicht laufend nachgebildet werden. Die Beantwortung der Frage wird dadurch erleichtert, daß alle übrigen Antworten ohne Schwierigkeit als richtig erkannt werden können.

Frage 4: Die meisten Stoffwechseldefekte werden

A. recessiv vererbt
B. dominant vererbt
C. kodominant vererbt
D. X-chromosomal vererbt
E. multifaktoriell vererbt

Es handelt sich um eine Prüfungsfrage, die aus einer Fragensammlung von Studenten stammt. Die Formulierung der Originalfrage kann daher etwas abweichen.
Antwort A ist richtig.

Bei den meisten Stoffwechseldefekten liegt eine Punktmutation vor, die zu einer mehr oder minder vollständigen Inaktivierung des betreffenden Gens führt. Da das normale Allel dieses Gens aber unverändert ist, werden noch etwa 50% des entsprechenden Enzyms produziert, womit der Stoffwechsel weitgehend aufrecht erhalten werden kann. Erst wenn auch dieses Gen ausfällt, wird die Krankheit manifest.

Frage 5: Für die Sichelzellenanämie gilt *nicht:*
A. Die Sauerstoffaffinität des Sichelzellenhämoglobins ist erhöht.
B. Beim Sichelzellenhämoglobin handelt es sich um eine β-Ketten-Mutante; die Aminosäure ist in der 6. Position vertauscht.
C. Im Sichelzellentest kann bei Heterozygoten Sichelzellenhämoglobin nachgewiesen werden.
D. Sichelzellenhämoglobin kristallisiert bei Sauerstoffmangel aus.
E. Sichelzellenanämie folgt einem autosomal recessiven Erbgang.

Es handelt sich um eine Prüfungsfrage, die aus einer Fragensammlung von Studenten stammt. Die Formulierung der Originalfrage kann daher etwas abweichen. Der Frageninhalt berührt das Fachgebiet Humangenetik nur am Rande, eine Besprechung erscheint jedoch trotzdem sinnvoll, weil die Sichelzellenanämie auch in vielen humangenetischen Fragen angesprochen wird.
Antwort A ist richtig.

Beim Sichelzellenhämoglobin ist nicht die Sauerstoffaffinität verändert, sondern die β-Ketten-Mutante in Position 6 (Valin anstatt Glutaminsäure) führt zu Oberflächenveränderungen des Hämoglobinmoleküls, die eine herabgesetzte Löslichkeit dieses Hämoglobin S verursachen, wenn ein herabgesetzter Sauerstoffdruck besteht. Es kommt zur Kristallbildung und diese verursacht die typische Sichelform der Erythrozyten. Durch lineare Anordnung dieser veränderten Blutkörperchen kommt es in kleinen Gefäßen zur Thrombenbildung.

Unter normalen Umständen tritt das Sichelphänomen nur bei homozygoten Genträgern auf. Unter künstlich erzeugtem Sauerstoffmangel kann das „Sicheln" auch bei Heterozygoten nachgewiesen werden (siehe auch Frage 106).

Abschnitt 2: Chromosomen des Menschen

Frage 6: „Welche Aussage trifft *nicht* zu?
Folgende Untersuchungsmaterialien eignen sich zur Darstellung des vollständigen Karyotyps?

A. Hautbiopsie
B. Faszienbiopsie
C. Knochenmark
D. Abstrich der Mundschleimhaut
E. Peripheres Blut

Es handelt sich um eine echte Prüfungsfrage.
Antwort D ist richtig.

Mit einem Mundschleimhautabstrich kann man nur Interphasezellen gewinnen, an denen das Geschlechtschromatin bestimmt werden kann. Aus einer Haut- bzw. Faszienbiopsie kann der Karyotyp bestimmt werden, indem man diese Zellen anzüchtet und dadurch auch Zellen im Stadium der Mitose gewinnt. Aus Knochenmarkspunktat läßt sich sogar ohne Anzüchtung eine Chromosomenanalyse durchführen, weil in diesem Gewebe eine hohe Teilungsaktivität herrscht, so daß man auch durch eine Direktpräparation Mitosestadien gewinnen kann.

Die am weitesten verbreitete Methode zur Darstellung des Karyotyps besteht darin, daß man die Lymphozyten des peripheren Blutes durch Phytohämagglutinin zur Teilung anregt und die in Teilung befindlichen Zellen nach etwa 3tägiger Bebrütung erntet. Zur Vermehrung der mitotischen Zellen wird kurz vor Kulturende das Spindelgift Colchizin zugegeben, das die Zellen in der Metaphase arretiert. Für eine gute Darstellung der Chromosomen ist eine hypotone Behandlung der Zellen vor der Fixierung in einem Methanol-Eisessig-Gemisch notwendig.

Frage 7: Identische Reduplikation der Chromosomen geschieht in der

A. Interphase
B. Prophase
C. Metaphase
D. Telophase
E. Anaphase

Es handelt sich um eine Prüfungsfrage, die aus einer Fragensammlung von Studenten stammt. Die Formulierung der Originalfrage kann daher etwas abweichen.
Antwort A ist richtig.

Die Chromosomen können sich nur im entspiralisierten Zustand reduplizieren und dieser liegt in der Interphase, also zwischen zwei Zellteilungen vor.

Die Prophase stellt das erste Stadium der Mitose dar, in der die Chromosomen sich durch Spiralisierung verdichten. Außerdem wandern die Zentriolen zu den Zellpolen, so daß die Teilungsrichtung der Zelle bereits festgelegt ist.

Die Metaphase kündigt sich durch die Auflösung der Kernmembran an. Der Spindelapparat bildet sich aus und die Chromosomen werden mit dem Zentromer daran befestigt. Dann werden die Chromosomen in die Äquatorialebene gezogen. In diesem Stadium kann man durch Colchicin den Spindelapparat zerstören, wodurch der weitere Mitoseablauf gehemmt wird (siehe auch Frage 6).

In der Anaphase trennen sich die beiden Chromatiden jedes Chromosoms voneinander und werden zu den Zellpolen transportiert.

Die Telophase ist das letzte Mitosestadium. Die Chromosomen entspiralisieren sich wieder und die Kernmembran wird neugebildet. Die beiden Tochterzellen trennen sich voneinander.

Frage 8: Welche der folgenden Untersuchungen können zur Bestimmung des Kerngeschlechtes durchgeführt werden?

1. Nachweis der Barrkörperchen (X-Chromatin in z. B. Mundschleimhautepithelzellen).

2. Nachweis der Drumsticks in polymorphkernigen Leukozyten.
3. Nachweis der Y-Körperchen (Y-Chromatin im Blutausstrich).

A. Nur 1 ist richtig.
B. Nur 1 und 2 sind richtig.
C. Nur 1 und 3 sind richtig.
D. Nur 2 und 3 sind richtig.
E. 1–3 = alle sind richtig.

Es handelt sich um eine echte Prüfungsfrage.
Antwort E ist richtig.

Der Nachweis der Barrkörperchen ist prinzipiell in allen Körperzellen (nicht Keimzellen) des Menschen und der übrigen Säugetiere möglich. Aus technischen Gründen hat sich ein Mundschleimhautabstrich und in neuerer Zeit auch ein Ausstrich von Haarwurzelzellen eingeführt. Zur Darstellung des X-Chromatins eignen sich alle Kernfarbstoffe (z. B. Karbol-Fuchsin, Thionin). Die Barrkörperchen erscheinen als scharf konturierte, dicht basophile Chromatinkörperchen von $1-2\,\mu$ Durchmesser, die meist der Kernmembran angelagert sind. Bei der Geschlechtschromatinbestimmung werden nur diese randständigen Barrkörperchen gezählt, um Verwechslungen mit anderen Kernstrukturen (z. B. Nukleolen) zu vermeiden. Je nach Art des Gewebes und der verwendeten Färbung finden sich in 25–80% der untersuchten Kerne einwandfrei erkennbare Barrkörperchen.

In den polymorphkernigen Leukozyten ist das weibliche Kerngeschlecht an Hand trommelschlägelähnlicher Kernanhänge (drumsticks) erkennbar. Da es noch andere Kernanhänge gibt, die mit den drumsticks verwechselt werden können, wird diese Methode heute fast nicht mehr verwendet.

Das Y-Chromatin stellt den genetisch inaktiven, distalen Teil des Y-Chromosoms dar, der nach Anfärbung mit Fluoreszenzfarbstoffen (z. B. Quinakrin) so stark fluoresziert, daß er auch in den meisten männlichen Interphasekernen als gelbgrünes Pünktchen nachweisbar ist. Das Y-Chromatin findet sich nur beim Menschen und Gorilla. Es ist wie das X-Chromatin meist der Kernmembran angelagert, bei der Kerngeschlechtsbestimmung werden jedoch alle typisch fluoreszierenden Y-Körperchen gezählt. In etwa 40–80%

aller männlichen Zellkerne ist ein deutliches Y-Körperchen nachweisbar. Die Y-Chromatin-Bestimmung läßt sich an allen Körperzellen (auch Keimzellen) durchführen, in der Regel werden Mundschleimhautzellen oder Haarwurzelzellen verwendet, die Erwähnung eines Blutausstriches ist daher etwas irreführend.

Frage 9: Welche Antwort trifft zu?
Die maximale Zahl der Barrkörperchen, die in einem Zellkern darstellbar sind, entspricht

A. der Zahl der X-Chromosomen
B. der Zahl der X-Chromosomen + 1
C. der Zahl der X-Chromosomen −1
D. der Zahl der X-Chromosomen −2
E. der Zahl der Y-Chromosomen

Es handelt sich um eine echte Prüfungsfrage.
Antwort C ist richtig.

Die Zahl der Barrkörperchen wird bestimmt durch die Zahl der inaktivierten X-Chromosomen im Zellkern. In weiblichen und männlichen Zellen bleibt immer nur ein X-Chromatin aktiv, auch wenn durch Verteilungsstörungen zusätzliche X-Chromosomen vorhanden sind. Diese Inaktivierung gleicht das genetische Ungleichgewicht aus, das dadurch entsteht, daß der Mann normalerweise nur ein X-Chromosom hat, die Frau aber zwei (Lyon-Hypothese). Während der Mann alle auf dem X-Chromosom sitzenden Gene nur in einfacher Ausfertigung besitzt, also hemizygot ist, kommen bei der Frau die X-chromosomalen Gene zweifach vor. Da die X-Inaktivierung zufällig erfolgt, betreffen Mutationen X-chromosomaler Gene bei Frauen nur 50% der Zellen, so daß meist ein normaler Phänotyp aufrechterhalten werden kann, während beim Mann X-chromosomale Mutationen fast immer phänotypische Auswirkungen haben. Die X-Inaktivierung erfolgt erst 1−2 Wochen nach der Zygotenbildung, sie betrifft alle Körperzellen mit Ausnahme der Keimzellen. Wahrscheinlich wird nicht das ganze X-Chromosom inaktiviert.

Frage 10: Frauen mit dem Karyotyp 47,XXX haben im Mundschleimhautpräparat nicht in allen Zellen zwei Geschlechtschromatine;
weil
die Inaktivierung des überzähligen X-Chromosoms bei Frauen unvollständig ist.

A. Aussagen 1 und 2 sind richtig; Verknüpfung ist richtig.
B. Aussagen 1 und 2 sind richtig; Verknüpfung ist falsch.
C. Aussage 1 ist richtig, Aussage 2 ist falsch.
D. Aussage 1 ist falsch, Aussage 2 ist richtig.
E. Aussagen 1 und 2 sind falsch.

Es handelt sich um eine echte Prüfungsfrage.
Diese Frage wird vermutlich in Zukunft in revidierter Fassung gestellt werden, da es Meinungsverschiedenheiten über die richtige Antwort gegeben hat.

Aussage 1 ist zweifellos richtig, da bei der Kerngeschlechtsbestimmung nur die randständigen Barrkörperchen gezählt werden. Außerdem müssen auch die inaktivierten X-Chromosomen repliziert werden und in diesem Stadium sind sie nicht als Barrkörperchen erkennbar.

Aussage 2 ist meines Erachtens als richtig anzusehen, da für das inaktivierte zweite X-Chromosom der Frau Hinweise vorliegen, daß Teile des kurzen Armes nicht inaktiviert werden. Es ist anzunehmen, daß dies auch für überzählige X-Chromosomen zutrifft. Das Institut für Prüfungsfragen hat sich inzwischen dieser Meinung angeschlossen und wird entweder Antwort B als richtig bewerten (bisher Antwort C) oder die zweite Aussage verändern.

Die logische Verknüpfung beider Aussagen durch das „weil" ist auf jeden Fall nicht richtig, weil die relativ geringe Zahl von Zellen mit 2 Barrkörperchen nicht durch die unvollständige Inaktivierung des X-Chromosoms bewirkt wird.

Frage 11: Welche Antwort trifft zu?
Bei der Chromatinuntersuchung − die Untersuchungsperson ist phänotypisch männlich − wurde bei 20% der Zellen ein X-Chroma-

tin gefunden. Welcher der folgenden Karyotypen ist anzunehmen?

A. 46,XY
B. 45,XO
C. 46,XY/45,XO
D. 47,XYY
E. 47,XXY

Es handelt sich um eine echte Prüfungsfrage.
Antwort E ist richtig.

Bei keinem der unter A–D angegebenen Karyotypen ist ein zweites oder überzähliges X-Chromosom vorhanden, so daß keine Inaktivierung eintritt und folglich auch kein Barrkörperchen nachweisbar ist.

Die Beantwortung der Frage wird durch die Angabe erschwert, daß nur 20% der Zellen ein X-Chromatin aufweisen. Ein solcher Befund ist beim XXY-Karyotyp (Klinefelter-Syndrom) selten, da meist mehr Barrkörperchen nachweisbar sind; die Angabe ist daher etwas irreführend. Da jedoch die Antworten A–D sicher falsch sind, ist die Frage trotzdem eindeutig.

Frage 12: Wie viele Barrkörperchen hat ein Junge mit dem Karyotyp 47,XYY?

A. 0
B. 1
C. 2
D. Mindestens eines (in 50% der Zellen)
E. Mindestens eines (in 75% der Zellen)

Es handelt sich um eine echte Prüfungsfrage.
Antwort A ist richtig.

Beim Barrkörperchen handelt es sich um ein inaktiviertes X-Chromosom. Beim Mann, der normalerweise nur ein X-Chromosom hat, tritt die Inaktivierung des X-Chromosoms nicht ein. Daran ändert auch die Angabe nichts, daß im vorliegenden Fall zwei Y-Chromosomen vorhanden sind. Bei einer entsprechenden Fluoreszenzfärbung könnten allerdings zwei F-bodies (männliche Kerngeschlechtspartikel) nachgewiesen werden (siehe auch Frage 15).

Frage 13: Ein Symptom des Turner-Syndroms (XO) ist

A. Pterygium colli
B. intersexuelles äußeres Genitale
C. Klinodaktylie
D. Kapilläre Hämangiome
E. polyzistische Nieren

Es handelt sich um eine Prüfungsfrage, die aus einer Fragensammlung von Studenten stammt. Die Formulierung der Originalfrage kann daher etwas abweichen.
Antwort A ist richtig.

Beim Pterygium colli (Flügelfell) handelt es sich um Hautfalten, die von den Schultern zum Hals ziehen, wodurch der Hals stark verbreitert erscheint. Dieses sogenannte Flügelfell findet sich bei Turner-Patienten relativ häufig, ist aber kein so typisches Merkmal wie häufig beschrieben.

Als weitere Hauptsymptome des Turner-Syndroms sind zu nennen: angeborene Lymphödeme, Minderwuchs, primäre Amenorrhoe mit fehlender Sexualentwicklung infolge weitgehend atrophischer Ovarien.

Frage 14: In einem Mundschleimhautabstrich finden sich Zellen mit 1 und 2 Barrkörperchen (X-Chromatin).
Welche(n) Karyotyp(en) kann der Patient oder die Patientin aufweisen?

1. 46,XX
2. 47,XXX
3. 47,XXY
4. 48,XXXY
5. 47,XYY

A. Nur 2 ist richtig.
B. Nur 1 und 2 sind richtig.

C. Nur 1 und 3 sind richtig.
D. Nur 2 und 4 sind richtig.
E. Nur 3, 4, und 5 sind richtig.

Es handelt sich um eine echte Prüfungsfrage.
Antwort D ist richtig.

Im Mundschleimhautabstrich können nur Zellen mit 2 Barrkörperchen vorkommen, wenn mindestens 2 inaktivierte X-Chromosomen in den Zellen vorliegen. Das ist bei den Karyotypen 47,XXX und 48,XXXY der Fall. Bei den unter 1 bzw. 3 angegebenen Karyotypen ist nur 1 X-Chromosom inaktiviert, bei der Alternative 5 gar keines. Das Auftreten von Zellen mit nur 1 Barrkörperchen ist weder beim Karyotyp 47,XXX noch bei 48,XXXY ungewöhnlich (siehe auch Frage 10).

Frage 15: Findet man in den Zellkernen eines Ausstriches ein Y-Chromatin (F-body), so kann es sich um folgende Gonosomenkonstellationen handeln:

1. 46,XX
2. 46,XY
3. 45,XO (Turner-Syndrom)
4. 47,XXY (Klinefelter-Syndrom)
5. 47,XYY (Diplo-Y-Mann)

A. Nur 3 ist richtig.
B. Nur 2, 4 und 5 sind richtig.
C. Nur 2 und 4 sind richtig.
D. Nur 1 und 3 sind richtig.
E. 1−5 = alle sind richtig.

Es handelt sich um eine Prüfungsfrage, die aus einer Fragensammlung von Studenten stammt. Die Formulierung der Originalfrage kann daher etwas abweichen.
Antwort C ist richtig.

Im Gegensatz zum X-Chromatin entspricht die Anzahl der Y-Chromatinkörperchen der Zahl der vorhandenen Y-Chromosomen. Bei Diplo-Y-Männern müssen sich daher zumindest in einigen Zellen zwei F-bodies nachweisen lassen (siehe auch Frage 12).

Frage 16: Zur Ausbildung eines normalen weiblichen Phänotyps genügt ein X-Chromosom,
weil
in Zellen weiblicher Individuen jeweils ein X-Chromosom inaktiviert wird.

A. Aussagen 1 und 2 sind richtig, die Verknüpfung ist richtig.
B. Aussagen 1 und 2 sind richtig, die Verknüpfung ist falsch.
C. Aussage 1 ist richtig, Aussage 2 falsch.
D. Aussage 1 ist falsch, Aussage 2 richtig.
E. Aussagen 1 und 2 sind falsch.

Es handelt sich um eine echte Prüfungsfrage.
Antwort D ist richtig.

Aussage 1 ist falsch, weil das Fehlen des 2. X-Chromosoms zu den typischen Auffälligkeiten des Turner Syndroms führt. (Minderwuchs; Gonadendysgenesie, mit primärer Amenorrhoe und fehlender Pubertätsentwicklung; angeborene Lymphödeme; Sphinxgesicht; Flügelfell im Nackenbereich (Pterygium colli); Anomalien der inneren Organe und Sekelettanomalien).
Aussage 2 ist richtig (näheres siehe Frage 9).

Frage 17: Bei der testikulären Feminisierung kommt es zur Ausprägung eines äußerlich weiblichen Habitus bei einem Individuum mit dem Karyotyp 46,XY,
weil
bei der testikulären Feminisierung analog zur Bildung der Barrkörperchen beim 46,XX-Karyotyp in den Gonaden statt eines X-Chromosoms das Y-Chromosom inaktiviert wird.

A. Aussagen 1 und 2 sind richtig, Verknüpfung ist richtig.
B. Aussagen 1 und 2 sind richtig, Verknüpfung ist falsch.
C. Aussage 1 ist richtig, Aussage 2 falsch.
D. Aussage 1 ist falsch, Aussage 2 richtig.
E. Aussagen 1 und 2 sind falsch.

Es handelt sich um eine echte Prüfungsfrage.
Aussage C ist richtig.

Patientinnen mit testikulärer Feminisierung haben einen männlichen Karyotyp und dementsprechend männliche Gonaden, die allerdings keinen Descensus durchmachen, sondern in der Leistengegend liegen bleiben. Diese Testes produzieren auch Testosteron, die Rezeptoren für dieses Hormon sind aber in den Zellen der Erfolgsorgane, vermutlich wegen einer X-chromosomalen Mutation, nicht funktionsfähig, so daß die virilisierende Wirkung ausbleibt und ein weiblicher Phänotyp entsteht. Das zweite im Hoden produzierte Hormon, der Oviduktrepressor, wird aber wirksam, wodurch die Ausbildung des Uterus und der Tuben verhindert wird.

Die in Aussage 2 beschriebene Y-Inaktivierung gibt es nicht.

Frage 18: Welche Aussage trifft zu?
Bei testikulärer Feminisierung liegt folgende Chromosomenkonstellation vor:

A. X-Bruchstück/X
B. XX
C. XY
D. XXY
E. XYY

Es handelt sich um eine echte Prüfungsfrage.
Antwort C ist richtig.

Bei der testikulären Feminisierung liegt trotz weiblichen Phänotyps ein männlicher Karyotyp vor.

Frage 19: Zur Entwicklung eines funktionstüchtigen Ovars genügt ein X-Chromosom,
weil
bei normalen Frauen in den Körperzellen ein X-Chromosom inaktiviert ist.

A. Aussagen 1 und 2 sind richtig, Verknüpfung ist richtig.
B. Aussagen 1 und 2 sind richtig, Verknüpfung ist falsch.
C. Aussage 1 ist richtig, Aussage 2 ist falsch.
D. Aussage 1 ist falsch, Aussage 2 ist richtig.
E. Aussagen 1 und 2 sind falsch.

Es handelt sich um eine echte Prüfungsfrage.
Antwort D ist richtig.

Für die Entwicklung normaler Eizellen ist das Vorhandensein von zwei aktiven X-Chromosomen notwendig. Die Inaktivierung des einen X-Chromosoms findet deshalb zwar in allen Körperzellen, nicht aber in den Keimzellen statt. Die Auswirkungen eines fehlenden X-Chromosoms in den Keimzellen kann bei den Patientinnen mit Turner-Syndrom beobachtet werden. Bei ihnen werden zunächst Eizellen in normaler Anzahl angelegt, im Laufe der weiteren Entwicklung degenerieren aber alle Eizellen, so daß eine Turner-Frau nach der Pubertät nur Stranggonaden aufweist, in denen keine Follikelreifung stattfindet.

Frage 20: Welche Antwort trifft zu?
Durch welche Faktoren wird das männliche gonadale Geschlecht beim Menschen festgelegt?

A. Anzahl der Urkeimzellen
B. Testosteron
C. Gene auf dem Y-Chromosom
D. Anzahl der Geschlechtschromosomen
E. Zeitpunkt der Inaktivierung eines X-Chromosoms während der Embryonalentwicklung

Es handelt sich um eine echte Prüfungsfrage.
Antwort C ist richtig.

Das Y-Chromosom trägt mit größter Wahrscheinlichkeit nur Gene, die für die männliche Geschlechtsdetermination wichtig sind. Eines dieser Gene ist für die Produktion des H-Y-Antigens zuständig, das befähigt ist, die Ausbildung von Hodengewebe zu induzieren.

Nach der Entwicklung der männlichen Gonade übernimmt das in den Leydigschen Zwischenzellen schon früh produzierte Testosteron die Steuerung der Ausprägung eines männlichen Phänotyps.

Die Anzahl der Geschlechtschromosomen hat keinen Einfluß auf die Determination der Gonade, kann aber den Phänotyp des betroffenen Individuums beeinflussen. Beim Vorhandensein eines Y-Chromosoms werden immer Testes und ein männlicher Phänotyp ausgeprägt, auch wenn mehrere überzählige X-Chromosomen vorhanden sind. Der Gesamthabitus wird allerdings durch überzählige X-Chromosomen feminisiert und es besteht Sterilität (Klinefelter-Syndrom). Der Schweregrad der geistigen Retardierung nimmt mit der Zahl der überzähligen X-Chromosomen zu.

Bisher sind keine Hinweise dafür bekannt, daß eine veränderte Anzahl von Urkeimzellen oder eine Verschiebung des Zeitpunktes der X-Inaktivierung die Geschlechtsdetermination beeinflussen.

Frage 21: Mit einer Veränderung der Testisfunktionen ist zu rechnen bei

1. numerischer Veränderung der Geschlechtschromosomen
2. Hypophyseninsuffizienz
3. Kryptorchismus
4. Hypogonadismus
5. Pubertas präcox

A. Nur 1 und 2 sind richtig.
B. Nur 3 und 4 sind richtig.
C. Nur 2, 3 und 4 sind richtig.
D. Nur 1, 2, 3 und 4 sind richtig.
E. 1−5 = alle sind richtig.

Es handelt sich um eine echte Prüfungsfrage.
Antwort E ist richtig.

Allerdings haben sich Meinungsverschiedenheiten darüber ergeben, ob die Aussage 1 als richtig angesehen werden kann. Ich habe dem Institut für Prüfungsfragen mitgeteilt, daß beim Klinefelter-Syndrom mit XXY-Konstellation mit einer gestörten Testisfunktion in Form einer Azoospermie und eines Testosteronmangels zu rechnen ist, daß aber bei der XYY-Konstellation meist keine Störung auftritt. Das Institut hat sich meiner Meinung insoweit nicht angeschlossen, als es davon ausgeht, daß bei Gonosomenaberrationen grundsätzlich eine Veränderung der Testisfunktionen auftreten könne, wobei die Art der numerischen Veränderung nicht weiter aufgeschlüsselt werde und deswegen auch für die Beantwortung der Frage nicht relevant sei. Trotz dieser Stellungnahme ist es durchaus möglich, daß die Frage inzwischen modifiziert wurde.

Bei Hypophyseninsuffizienz kommt es durch das Fehlen der gonadotropen Hormone zur Atrophie des Keimepithels und zur Leydigzellhyperplasie.

Beim Kryptorchismus entsteht die Degeneration des Keimepithels durch die erhöhte Temperatur, die im Körperinneren auf das Keimgewebe einwirkt.

Beim Hypogonadismus ist im allgemeinen sowohl die Funktion der Leydigzellen als auch des Keimepithels vermindert.

Beim Vorliegen einer Pubertas präcox ist als Ursache meist eine Störung der Nebennierenrindenfunktion anzunehmen. Dabei wird ein Überschuß an Sexualhormonen gebildet, wodurch die Hypophyse in ihrer Gonadotropinausschüttung gebremst wird. Die Folge ist eine Keimzellatrophie.

Frage 22: Beim Adrenogenitalen Syndrom (21-Hydroxylase-Mangel) findet man

1. erhöhten ACTH-Spiegel
2. verminderte Glucocorticoide
3. Virilisierung
4. vermehrte Nebennierenrindenandrogene
5. vermehrt Aldosteron

A. Nur 1 und 2 sind richtig.
B. Nur 2, 3 und 5 sind richtig.
C. Nur 3, 4, und 5 sind richtig.
D. Nur 1, 2, 3 und 4 sind richtig.
E. Nur 2, 3, 4 und 5 sind richtig.

Es handelt sich um eine echte Prüfungsfrage, die allerdings nicht unbedingt in den Bereich der Humangenetik gehört. Da aber Störungen der Geschlechtsentwicklung auch in humangenetischen Fragen eine Rolle spielen können und es sich um ein Erbleiden handelt, soll die Frage hier kurz besprochen werden.
Antwort D ist richtig.

Das Adrenogenitale Syndrom ist ein Sammelbegriff für mehrere recessiv erbliche Störungen in der Synthesekette vom Cholesterin zum Cortisol.

In der vorliegenden Frage handelt es sich um den 21-Hydroxylase-Mangel, der dazu führt, daß aus dem Progesteron kein, oder nur wenig, Cortisol gebildet werden kann. Die Verminderung der Cortisolproduktion führt zu einer erhöhten Ausschüttung des adrenocorticotropen Hormons (ATCH) der Hypophyse, wodurch eine Nebennierenrindenhyperplasie verursacht wird. Dadurch kommt es zu einer vermehrten Testosteronproduktion, die bei weiblichen Individuen zur Virilisierung und bei männlichen Patienten zur Pubertas praecox führt. Die Synthese des Aldosterons, eines Mineralocorticoids, ist von diesem Enzymdefekt nicht betroffen.

Neben dem 21-Hydroxylase-Mangel kann die Cortisol-Synthese aus Progesteron auch durch einen Defekt der 11-β-Hydroxylase gestört sein. Der Umbau des Pregnenolon zum Progesteron wird durch einen Mangel an 3-β-ol-Dehydrogenase gestört, wodurch ebenfalls Cortisolmangel und die Symptome des adrenogenitalen Syndroms auftreten.

Abschnitt 3: Chromosomenaberrationen

Frage 23: Welche der folgenden Aussagen über die chromosomale Trisomie trifft *nicht* zu?

A. Trisomien treten mit zunehmendem mütterlichen Alter gehäuft auf.
B. Kinder mit einer Trisomie stehen häufig am Anfang einer Geschwisterreihe.
C. Monosomien werden seltener beobachtet als Trisomien.
D. Trisomien entstehen durch Fehlverteilungen der Chromosomen während der Meiose.
E. Trisomie kann bei mehr als einem Kind in einer Familie vorkommen.

Es handelt sich um eine echte Prüfungsfrage.
Antwort B ist richtig.

Da Trisomien vom Alter der Mutter abhängig sind, werden häufiger Kinder am Ende einer Geschwisterreihe betroffen als am Anfang.

Monosomien stellen einen schwereren genetischen Defekt dar als Trisomien, so daß sie häufiger zu einem Abort führen und deshalb seltener bei Lebendgeborenen beobachtet werden können. Die einzige Monosomie eines ganzen Chromosoms, die relativ häufig (ca. 1 : 7000) auftritt ist das Turner-Syndrom (XO). 99% aller XO-Zygoten werden aber abortiert.

Die Wahrscheinlichkeit, daß ein zweites Kind einer Familie eine Trisomie aufweist, ist insgesamt relativ gering. Sie kann aber in einzelnen Familien stark erhöht sein, wenn ein Elternteil eine Translokation oder ein Mosaik aufweist (siehe Fragen 33, 137).

Frage 24: Welche Aussage trifft *nicht* zu?
Folgende Faktoren beeinflussen die Häufigkeit von klinisch-wichtigen Chromosomenanomalien bei Neugeborenen:

A. Länge des väterlichen Y-Chromosoms.
B. Reduzierte Vitalität von Spermien mit Chromosomenanomalien.
C. Balancierte Chromosomentranslokation bei einem Elternteil.
D. Alter der Mutter bei der Geburt des Kindes.
E. Frühaborte.

Es handelt sich um eine echte Prüfungsfrage.
Antwort A ist richtig.

Das Y-Chromosom kann in seiner Länge zwar sehr variieren, dabei handelt es sich aber fast immer um einen Polymorphismus, dem keine pathologische Bedeutung zukommt und der auch die Häufigkeit von Chromosomenanomalien nicht beeinflußt. Die Längenvariabilität wird dadurch hervorgerufen, daß der genetisch inaktive, distale Teil des Y-Chromosoms unterschiedlich groß sein kann. Er kann sogar ganz fehlen, ohne daß dadurch Störungen in der Geschlechtsentwicklung auftreten.

Spermien mit unbalancierten Chromosomenanomalien haben wahrscheinlich eine reduzierte Vitalität und kommen daher seltener zur Befruchtung als Spermien mit normalem Chromosomensatz oder balancierten Anomalien. Man erklärt damit die Tatsache, daß ein unbalancierter Karyotyp eines Kindes relativ selten auf Grund einer väterlichen Chromosomenanomalie entsteht.

Personen mit balancierten Chromosomentranslokationen sind zwar phänotypisch unauffällig, haben aber ein erhöhtes Risiko für Kinder mit einer Chromosomenanomalie. Die Kinder können die balancierte Translokation erben, einen normalen Chromosomensatz haben, oder es tritt bei ihnen ein unbalancierter Karyotyp auf, der zu einer partiellen Monosomie und/oder Trisomie führt.

Mit steigendem Alter der Mutter erhöht sich das Risiko für das Auftreten von Chromosomenfehlverteilungen in den Eizellen, so daß es in der Zygote zu Monosomien oder Trisomien kommen kann.

Etwa 30–50% aller Frühaborte werden durch Chromosomenanomalien verursacht. Alle autosomalen Monosomien und die meisten Trisomien sind mit einer normalen Embryonalentwicklung nicht vereinbar. Nur Trisomien der Chromosomen 13, 18 und 21 können sich manchmal bis zur Geburtsreife entwickeln. Bei den Gonosomen führt die XO-Konstellation sehr häufig zum Abort, die anderen Aberrationen haben größere Überlebenschancen.

Frage 25: Folgende Chromosomenaberration führt zu einer DNS-Vermehrung:

A. Deletion
B. Transduktion
C. Translokation
D. Monosomie
E. Trisomie

Es handelt sich um eine Prüfungsfrage, die aus einer Fragensammlung von Studenten stammt. Die Formulierung kann daher etwas abweichend sein.
Antwort E ist richtig.

Unter Trisomie versteht man die Verdreifachung eines einzelnen Chromosoms, so daß im Chromosomensatz ein überzähliges Chromosom vorhanden ist.
Als Monosomie (D) bezeichnet man dagegen, das Fehlen eines Chromosoms.
Translokation (C) bedeutet, daß Teile eines Chromosoms an einem anderen angewachsen sind. Bei einer reziproken Translokation sind Abschnitte zweier Chromosomen ausgetauscht.
Transduktion (B) ist ein Ausdruck aus der Mikrobengenetik. Er bedeutet, daß Bakteriophagen die Fähigkeit haben, genetisches Material von einem Bakterium auf ein anderes zu übertragen.
Der Begriff Deletion (A) bezeichnet generell den Verlust von Chromatin an einem Chromosom. Ein Endstückverlust wird auch Defizienz genannt.

Frage 26: Welche Aussage trifft zu?
Die Häufigkeit der mit üblichen Methoden feststellbaren Chromosomenaberrationen bei lebenden Neugeborenen ist ungefähr

A. 0,01−0,02%
B. 0,1−0,2%
C. 0,5−1%
D. ca. 2%
E. 5−6%

Es handelt sich um eine echte Prüfungsfrage.
Antwort C ist richtig.

Folgende Zahlen liegen dieser Schätzung zu Grunde:

autosomale Trisomien:	Trisomie 21	ca. 1 : 600	Neugeborene
	Trisomie 18	ca. 1 : 4000	Neugeborene
	Trisomie 13	ca. 1 : 5000	Neugeborene
gonosomale Trisomien:	XXX	ca. 1 : 1000	Neugeborene
	XXY	ca. 1 : 1000	Neugeborene
	XYY	ca. 1 : 1000	Neugeborene
gonosomale Monosomie:	XO	ca. 1 : 5000	Neugeborene
strukturelle Anomalien: (insbesondere Robertsonsche Translokationen)		ca. 1 : 500	Neugeborene.

Daraus ergibt sich eine Häufigkeit von ungefähr 0,7%.
Die Angaben schwanken allerdings stark, so daß auch Zahlen unter 0,5% genannt werden.

Neben den Chromosomenaberrationen im engeren Sinne gibt es noch strukturelle Varianten an bestimmten Chromosomenabschnitten, denen im allgemeinen keine pathologische Bedeutung beigemessen wird. Solche Polymorphismen finden sich vor allem an den Chromosomen 1, 9, 16 und an den akrozentrischen Chromosomen. Sie haben eine Häufigkeit von mehreren Prozent in der Allgemeinbevölkerung. Da sie auf Grund ihrer strukturellen Besonderheiten leicht zu erkennen sind, werden sie auch Marker-Chromosomen genannt.

Frage 27: Die Häufigkeit von Chromosomenfehlverteilungen in der Meiose nimmt mit dem Alter der Frau zu. Welche der folgenden Chromosomenstörungen läßt *keine* mütterliche Abhängigkeit erkennen?

A. 47,XY,+D
B. 47,XXY
C. 45,XO
D. 47,XX,+G
E. 47,XXX

Es handelt sich um eine echte Prüfungsfrage.
Antwort C ist richtig.

Der Verlust eines X-Chromosoms erfolgt meist postmeiotisch (siehe auch Fragen 36, 37). Für alle übrigen aufgeführten Chromosomenanomalien ist eine deutliche Zunahme mit dem Alter der Mutter festzustellen.

Frage 28: Welche Aussage trifft zu?
Unter Monosomie versteht man

A. das Fehlen des Partners von homologen Chromosomen
B. bei paarig angelegten Organen das Fehlen eines Organs
C. Begrenzung der Spezifität eines Enzyms auf nur ein Substrat
D. ein Fortpflanzungsverhalten, bei dem die Partner lebenslang zusammenbleiben und nur miteinander Kinder zeugen
E. Eingliedrigkeit des Daumens.

Es handelt sich um eine echte Prüfungsfrage.
Antwort A ist richtig.

Monosomien entstehen durch meiotische oder mitotische Chromosomenverteilungsstörungen. Die Monosomie tritt nicht selten nur in einer Zellinie auf, daneben können trisome oder normale Zellen vorkommen (Mosaikbildung).

Für die unter B und E angeführten Definitionen gibt es keine speziellen Fachausdrücke, unter C ist die Monospezifität eines Enzyms beschrieben und unter D die Monogamie.

Frage 29: Symptome des Pätau-Syndroms sind

1. Mikrophtalmie
2. kapilläre Hämangiome
3. ulnare Hexadaktylie
4. Lippen-Kiefer-Gaumenspalte
5. dysplastische Ohrmuscheln
6. Brushfield-Spots

A. Nur 1, 2 und 4 sind richtig.
B. Nur 1, 2 und 6 sind richtig.
C. Nur 1, 4 und 5 sind richtig.
D. Nur 1 und 3 sind richtig.
E. Nur 1, 2, 3, 4 und 5 sind richtig.

Es handelt sich um eine Prüfungsfrage, die aus einer Fragensammlung von Studenten stammt. Die Formulierung der Originalfrage kann daher etwas abweichen.
Antwort E ist richtig.

Brushfield-Spots sind kleine weiße Knötchen in der Iris, die relativ häufig bei Patienten mit Down-Syndrom gefunden werden, aber beim Pätau-Syndrom normalerweise nicht auftreten.

Neben den aufgeführten Symptomen treten beim Pätau-Syndrom (Trisomie 13) noch folgende Hauptsymptome auf: Mikrocephalus, Iriskolobom, Defekte der Kopfhaut, Herzfehler, Anomalien des Urogenitaltraktes und des Gastrointestinalsystems. Die Lebenserwartung ist stark reduziert (80% der Kinder sterben im ersten Lebensjahr).

Frage 30: Symptome des Mongolismus sind

1. Idiotie
2. Vierfingerfurche
3. Brushfield-Spots
4. Klinodaktylie
5. Epikanthus
6. schräge Lidachsen

A. Nur 1, 3, 5 und 6 sind richtig.
B. Nur 2, 3 und 6 sind richtig.
C. Nur 1, 5 und 6 sind richtig.
D. Nur 1, 2, 3 und 5 sind richtig.
E. Nur 1–6 = alle sind richtig.

Es handelt sich um eine Prüfungsfrage, die aus einer Fragensammlung von Studenten stammt. Die Formulierung der Originalfrage kann daher etwas abweichen.
Antwort E ist richtig.

Neben den genannten Symptomen sind beim Mongolismus (Down-Syndrom; Trisomie 21) noch folgende klinische Erscheinungen charakteristisch: Muskelhypotonie, Mikrocephalus, überstreckbare Gelenke, plumpe, breite Hände mit kurzen Fingern.

Frage 31: Charakteristische Symptome der Trisomie 18 (Edwards-Syndrom) sind

A. langer schmaler Schädel, gebogene Finger, Zeigefinger und kleiner Finger sind über Mittel- bzw. Ringfinger überschlagen
B. Lippen-Kiefer-Gaumenspalte, polyzystische Nieren, Hexadaktylie an der ulnaren Seite der Hand und der fibularen Seite des Fußes
C. Epikanthus, Herzfehler, Vierfingerfurche, d. h. durchgehende Querfalte auf der Handinnenseite
D. Kleinwuchs, Trichterbrust, weiter Mamillenabstand, Pulmonal- und Aortenstenose, Hypogonadismus
E. starke Akne, überdurchschnittliche Körpergröße, Testosteronproduktion gesenkt.

Es handelt sich um eine Prüfungsfrage, die aus einer Fragensammlung von Studenten stammt. Die Formulierung der Originalfrage kann daher etwas abweichen.
Antwort A ist richtig.

Neben den erwähnten Symptomen sind für die Trisomie 18 noch charakteristisch: niedriges Geburtsgewicht, kleiner Gesichtsschädel, Gelenkkontrakturen, erhöhter Muskeltonus, innere Mißbildung und dadurch stark eingeschränkte Lebenserwartung.

Die unter B aufgeführte Symptomenkombination ist für die Trisomie 13 typisch, die unter C für die Trisomie 21, D für Turner Syndrom, E für die YY-Konstellation, allerdings findet sich dort immer eine normale Testosteronproduktion.

Frage 32: Welche Aussage trifft zu?
Das Risiko, daß ein Kind mit Down-Syndrom (Mongolismus) geboren wird, nimmt

A. mit dem Alter des Vaters zu
B. mit dem Alter des Vaters ab
C. mit dem Alter der Mutter zu
D. mit dem Alter der Mutter ab
E. ist unabhängig vom Alter der Eltern

Es handelt sich um eine echte Prüfungsfrage.
Antwort C ist richtig.

Das Risiko, ein Kind mit Down-Syndrom (Trisomie 21; Trisomie G; Mongolismus) zu gebären, steigt etwa ab dem 35. Lebensjahr stark an. Während eine 25jährige ein Risiko von etwa 0,1% hat, liegt es bei einer 35jährigen bei ca. 0,3% und steigt bis zum 45. Lebensjahr auf etwa 2%. Aus der pränatalen Diagnostik sind noch höhere Prozentsätze bekannt (siehe Frage 36).

Neuere Befunde weisen allerdings darauf hin, daß das Risiko für ein Kind mit Down-Syndrom auch mit dem Alter des Vaters zunimmt. Der Anstieg scheint jedoch viel geringer zu sein und wird erst etwa ab dem 55. Lebensjahr deutlich.

Da bei diesem Fragetyp nur eine Antwort richtig sein kann, und die Abhängigkeit vom mütterlichen Alter sehr viel wichtiger ist, läßt sich die Frage doch eindeutig beantworten. Es könnte allerdings sein, daß auf Grund der neuen Erkenntnisse die Frage in Zukunft in etwas abgeänderter Fassung gestellt wird.

Frage 33: Bei der Geburt eines mongoloiden Kindes

1. ist die Wiederholungsgefahr bei weiteren Kindern dieser Eltern nicht höher als bei jedem anderen Ehepaar

2. kann eine Entscheidung über die Höhe der Wiederholungsgefahr nur nach einer Chromosomenanalyse bei dem mongoloiden Kind und/oder den Eltern getroffen werden
3. beträgt die Wiederholungsgefahr ohne Rücksicht auf den Typ etwa 1%
4. kann die Wiederholungsgefahr je nach dem Chromosomenbefund bei Eltern und Patient zwischen 1 und 100% liegen.

A. Keine der Aussagen ist richtig.
B. Nur 1 ist richtig.
C. Nur 2 ist richtig.
D. Nur 1 und 3 sind richtig.
E. Nur 2 und 4 sind richtig.

Es handelt sich um eine echte Prüfungsfrage.
Antwort E ist richtig.

Die Aussage 1 ist falsch, weil bei Eltern eines mongoloiden Kindes mit der Möglichkeit zu rechnen ist, daß eine zentrische Fusion (Robertsonsche Translokation) eines Chromosoms 21 mit einem anderen akrozentrischen Chromosom vorliegt, wodurch das Risiko erheblich vergrößert wird. An diese Möglichkeit ist vor allem bei jungen Eltern zu denken, weil bei ihnen die Wahrscheinlichkeit für das Entstehen der altersabhängigen Trisomie relativ gering ist. Auch wenn bei den Eltern keine Translokation nachweisbar ist, liegt das Risiko für ein weiteres mongoloides Kind höher als in der Allgemeinbevölkerung (etwa bei 1%). Vermutlich sind dafür versteckte Mosaike bei einem Elternteil verantwortlich.

Aussage 2 ist richtig, weil die Höhe des Wiederholungsrisikos, wie schon erwähnt, wesentlich davon abhängt ob eine Translokation vorliegt oder nicht. Die Wahrscheinlichkeit für eine Translokation ist relativ gering, da über 95% der Down-Syndrom Patienten eine freie Trisomie aufweisen und nur etwa 5% eine Translokationstrisomie. Der Nachweis einer Translokation beim Kind bedeutet noch nicht, daß ein erhöhtes Risiko besteht, denn Translokationstrisomien entstehen in ihrer Mehrzahl sporadisch. Erst die Untersuchung beider Eltern kann diese Frage klären.

Die Falschheit der Aussage 3 ergibt sich aus dem bereits Gesagten.

Aussage 4 ist richtig. Wenn sich bei den Eltern ein normaler Karyotyp findet, liegt das Risiko bei etwa 1% (siehe oben). Liegt eine Translokation vor, so ist das Wiederholungsrisiko sehr unterschiedlich: Bei einer 21/21 Translokation ist es 100%, weil bei dieser Konstellation nur eine monosome oder trisome Zygote entstehen kann. Die monosomen Zygoten werden abortiert, so daß nur Kinder mit Trisomie 21 geboren werden. Bei den übrigen Translokationen liegt das theoretische Risiko bei 33%, das empirische Risiko ist jedoch deutlich niedriger. Wenn die Mutter Translokationsträgerin ist, muß mit etwa 10% gerechnet werden, wenn der Vater betroffen ist nur mit ca. 5%.

Frage 34: Das Risiko für die Geburt eines Kindes, das eine Trisomie (Down-Syndrom, Edwards-Syndrom, Pätau-Syndrom) aufweist, vergrößert sich mit zunehmendem Alter der Mutter,
weil
mit zunehmendem Alter der Frau die Häufigkeit des meiotischen Non-disjunction zunimmt.

A. Aussagen 1 und 2 sind richtig, Verknüpfung ist richtig.
B. Aussagen 1 und 2 sind richtig, Verknüpfung ist falsch.
C. Aussage 1 ist richtig, Aussage 2 falsch.
D. Aussage 1 ist falsch, Aussage 2 richtig.
E. Aussagen 1 und 2 sind falsch.

Es handelt sich um eine echte Prüfungsfrage.
Antwort A ist richtig.

Aussage 1 ist richtig. Das Risiko für autosomale wie für gonosomale Trisomien ist stark vom mütterlichen Alter abhängig (näheres siehe Fragen 32, 35).

Aussage 2 ist ebenfalls richtig. Man nimmt an, daß die Häufung chromosomaler Verteilungsstörungen bei älteren Frauen, dadurch zustande kommt, daß die Eizellen jahrzehntelang in einem Wartestadium (Diktyotän) in der 1. meiotischen Teilung liegen bleiben, bevor sie zur Ovulation kommen. In dieser Zeit können mutagene Faktoren einwirken, die dazu führen, daß der weitere Verlauf der Meiose nicht regelrecht verläuft. Nähere Einzelheiten sind noch nicht bekannt.

Die logische Verknüpfung beider Aussagen ist zweifellos auch richtig.

Frage 35: Welches der Diagramme gibt die Häufigkeitsverteilung des Down-Syndroms bei Neugeborenen in Abhängigkeit vom Alter der Mutter am besten wieder?

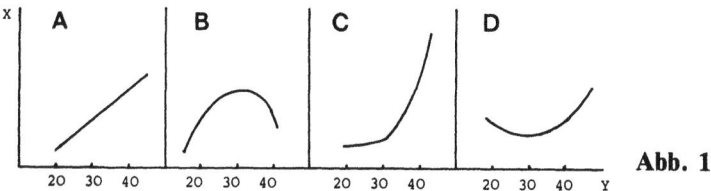

Abb. 1

X = Häufigkeit, Y = Alter der Mütter in Jahren
E Keines der Diagramme A–D kommt der Verteilung nahe

Es handelt sich um eine echte Prüfungsfrage.
Antwort C ist richtig.

Es ist typisch, daß etwa bis zum 35. Lebensjahr der Mutter keine starke Steigerung des Risikos für ein mongoloides Kind feststellbar ist. Anschließend steigt das Risiko rapide an. Ähnliche Kurven gelten auch für die anderen Trisomien. Die Diagramme A und B geben diese Verhältnisse nicht richtig wieder, in Diagramm D ist auch eine Erhöhung des Risikos mit steigendem Alter angedeutet, ein starker Anstieg tritt aber erst deutlich nach dem 40. Lebensjahr auf und außerdem ist ein erhöhtes Risiko bei 20jährigen abzulesen, so daß dieser Kurvenverlauf auch nicht typisch ist (prozentuale Häufigkeiten siehe Frage 32).

Frage 36: Die Häufigkeit gonosomaler Aberrationen vom Typ des Ulrich-Turner-Syndroms bei Kindern nimmt jenseits des 35. Lebensjahres der Mutter zu,
weil

Trisomien als Folge einer Fehlverteilung von Chromosomen in der Reifeteilung der Oozyten mit steigendem Alter einer Frau häufiger auftreten.

A. Aussagen 1 und 2 sind richtig, Verknüpfung ist richtig.
B. Aussagen 1 und 2 sind richtig, Verknüpfung ist falsch.
C. Aussage 1 ist richtig, Aussage 2 falsch.
D. Aussage 1 ist falsch, Aussage 2 richtig.
E. Aussagen 1 und 2 sind falsch.

Es handelt sich um eine eche Prüfungsfrage.
Antwort D ist richtig.

Aussage 1 ist falsch, weil der Verlust eines X-Chromosoms, der zum Turner-Syndrom führt, meist nicht auf einer meiotischen Fehlverteilung der Chromosomen beruht.
Aussage 2 ist richtig. Die Wahrscheinlichkeit für die Geburt eines Kindes mit einer Trisomie wird bei einer 35jährigen Mutter auf etwa 1%, bei einer 45jährigen auf etwa 4% geschätzt. Auf Grund neuerer Daten durch die pränatale Diagnostik werden als Risiko für über 44jährige sogar 10% und noch mehr angegeben, allerdings ist dabei zu berücksichtigen, daß Aborte die Zahl der Lebendgeborenen noch vermindern können.

Frage 37: Mosaike sind beim Turner-Syndrom häufiger als bei anderen Chromosomenanomalien,
weil
der Karyotyp 45,XO in den meisten Fällen postmeiotisch entsteht.

A. Aussagen 1 und 2 sind richtig, Verknüpfung ist richtig.
B. Aussagen 1 und 2 sind richtig, Verknüpfung ist falsch.
C. Aussage 1 ist richtig, Aussage 2 falsch.
D. Aussage 1 ist falsch, Aussage 2 richtig.
E. Aussagen 1 und 2 sind falsch.

Es handelt sich um eine echte Prüfungsfrage.
Antwort A ist richtig.

Die Häufigkeit von Mosaikbildungen beim Turner-Syndrom beruht darauf, daß der Verlust des 2. X-Chromosoms meist in einer der ersten mitotischen Teilungen der Zygote entsteht. Dadurch kommt es relativ häufig zu weiteren Zellinien, die entweder einen normalen Chromosomensatz aufweisen, oder das X-Chromosom in trisomer Form besitzen. Je später die Teilungsstörung eintritt, um so stärker wird eine Zellinie mit normalem Chromosomensatz vertreten sein. Mosaikfälle sind im allgemeinen phänotypisch nicht so auffällig, wie Patientinnen mit reiner XO-Konstellation, eine klare Korrelation zwischen Stärke der normalen Zellinie und Ausprägung der Symptomatik besteht jedoch nicht.

Neben den Mosaikfällen treten beim Turner-Syndrom nicht selten auch strukturelle Veränderungen an einem X-Chromosom vor allem in Form von Isochromosomen auf. Dabei kommt es infolge falscher Einordnung eines Chromosoms in der Metaphase zur Querteilung im Zentromer anstelle der normalen Längsteilung. Dadurch gerät in die eine Tochterzelle nur der kurze Arm und in die andere Tochterzelle nur der lange Arm des betroffenen Chromosoms. Beide Teile werden repliziert, so daß in einem Fall ein Chromosom entsteht, das nur aus 2 kurzen Armen besteht, während im anderen Fall ein Isochromosom des langen Armes auftritt.

Ein Iso-X-Chromosom des langen Armes führt in Verbindung mit einem normalen 2. X-Chromosom zu einem typischen Turner-Syndrom, weil der kurze Arm eines X-Chromosoms fehlt. Beim Vorliegen eines Iso-X-Chromosoms des kurzen Armes tritt eine reine Gonadendysgenesie ohne Turner-Stigmata auf.

Frage 38: Welche Antwort trifft zu?
Welche der folgenden Krankheiten wird durch die einzige mit dem Leben vereinbare Monosomie verursacht?

A. Down-Syndrom
B. Turner-Syndrom
C. Klinefelter-Syndrom
D. Edwards-Syndrom
E. Pätau-Syndrom

Es handelt sich um eine echte Prüfungsfrage.
Antwort B ist richtig.

Beim Turner-Syndrom liegt der Verlust eines X-Chromosoms vor (näheres siehe Fragen 13, 16). Alle übrigen Monosomien verursachen so schwere Störungen, daß sie als Frühaborte abgehen.

Beim Klinefelter-Syndrom ist ein überzähliges X-Chromosom vorhanden, das in etwa $1/3$ der Fälle vom Vater und in $2/3$ von der Mutter stammt.

Die übrigen erwähnten Syndrome werden durch autosomale Trisomien verursacht. Beim Down-Syndrom liegt eine Trisomie eines Chromosoms der Gruppe G (Nr. 21) vor. Beim Edwards-Syndrom handelt es sich um eine Trisomie eines Chromosoms der E-Gruppe (Nr. 18). Beim Pätau-Syndrom ist ein Chromosom der D-Gruppe (Nr. 13) trisom vorhanden.

Frage 39: Bei Assozialen findet man häufig 2 Y-Chromosomen. Daraus folgt:

A. Kriminalität ist in diesem Falle vorbestimmt.
B. XYY-Aberration wird durch ungünstige Umwelteinflüsse hervorgerufen.
C. Die psychische Entwicklung eines Menschen wird durch ein überzähliges Y-Chromosom beeinflußt.
D. Kriminelles Verhalten ist angeboren und vererbt.
E. Sterilisation ist bei Vorhandensein von 2 Y-Chromosomen indiziert.

Es handelt sich um eine Prüfungsfrage, die aus einer Fragensammlung von Studenten stammt. Die Formulierung der Originalfrage kann daher etwas abweichend sein.
Antwort C ist richtig.

Männer, die ein überzähliges Y-Chromosom besitzen, zeigen gewisse psychische Auffälligkeiten, die wahrscheinlich durch die Chromosomenaberration verursacht werden. Häufiger als in Kontrollgruppen wurde eine gewisse Labilität, verbunden mit Entschlußschwäche und einer niedrigen Frustrationstoleranz gefunden, wodurch evtl. aggressive Reaktionen verursacht werden können. Es muß jedoch betont werden, daß über 90% aller YY-Männer in ihrem Leben niemals auffällig werden oder mit dem Gesetz in Konflikt geraten. Als konstant auftretendes körperliches Merkmal ist lediglich ein Hochwuchs (über 1,80 m) zu verzeichnen.

Frage 40: Welche chromosomale Veränderung ist typisch für die chronisch myeloische Leukämie?
A. Triploidie
B. Polyploidie
C. Extrachromosom
D. Ph^1-Chromosom
E. es gibt keine typische Aberration bei chronisch-myeloischer Leukämie

Es handelt sich um eine echte Prüfungsfrage.
Antwort D ist richtig.

Bei der chronischen Myelose findet sich in über 90% der Fälle ein Chromosom der G-Gruppe, das in seiner Morphologie deutlich von den anderen kleinen akrozentrischen Chromosomen zu unterscheiden ist. Es fehlt ein großer Teil des langen Armes, so daß das Chromosom wie ein sehr kleines, fast metazentrisches Chromosom aussieht. Mit Hilfe der Bänderungstechniken hat sich herausgestellt, daß dieses deletierte Chromosom, nicht wie ursprünglich angenommen, ein Chromosom 21, sondern ein Chromosom Nr. 22 ist. Man konnte inzwischen auch nachweisen, daß der abgebrochene Teil des langen Armes nicht verloren geht, sondern fast regelmäßig an den langen Arm eines Chromosoms Nr. 9 angelagert wird, so daß man eigentlich von einer Translokation sprechen muß. Die Abkürzung „Ph" steht für Philadelphia, da eine Arbeitsgruppe in dieser Stadt das Chromosom erstmals nachgewiesen hat und ihm diesen Namen gab.

Unter Triploidie versteht man eine Verdreifachung des Chromosomensatzes. Sie kommt nicht selten als Abortursache vor.

Polyploidie bedeutet ganz allgemein eine Vervielfachung des Chromosomensatzes. Eine funktionelle Polyploidie kommt in Knochenmarks- und Leberzellen vor.

Von Extrachromosom spricht man, wenn ein überzähliges Chromosom vorhanden ist. Dabei kann es sich um ein morphologisch unverändertes Chromosom handeln, so daß eine Trisomie für dieses

Chromosom entsteht, oder es liegt ein morphologisch auffälliges Chromosom vor, das als Markerchromosom bezeichnet werden kann.

Frage 41: Eine erhöhte, spontan auftretende Chromosomenbrüchigkeit in Lymphozyten wird bei folgender Erbkrankheit beobachtet:
A. Albinismus
B. Fanconi-Anämie
C. Phenylketonurie
D. Achondroplasie
E. Marfan-Syndrom

Es handelt sich um eine Prüfungsfrage, die aus einer Fragensammlung von Studenten stammt. Die Formulierung der Originalfrage kann daher etwas abweichen.
Antwort B ist richtig.

Bei der Fanconi-Anämie handelt es sich um eine seltene, genetisch bedingte, mesenchymale Entwicklungsstörung, die neben einer Panmyelophthise zu zahlreichen Mißbildungen und Oligophrenie führt. Der Verlauf ist rasch progredient und führt relativ schnell zum Tode. Ein autosomal-recessiver Erbgang wird vermutet. Die Chromosomenbrüchigkeit in Lymphozyten und Knochenmarkszellen beruht auf einer Störung der DNA-repair-Mechanismen. Eine ähnliche Vermehrung der Bruchrate findet sich auch beim Bloom-Syndrom (Zwergwuchs, Gesichtserythem) und dem Louis-Bar-Syndrom (Ataxie-Teleangiektasie-Syndrom).

Der Albinismus ist eine autosomal recessive Erbkrankheit, die durch einen Mangel an Tyrosinase verursacht wird, wodurch kein Melanin gebildet wird. Dadurch bleiben Haut und Haare unpigmentiert und auch in der Iris des Auges fehlt das Pigment. In Europa ist mit einer Erkrankungsfrequenz von 1 : 30 000 zu rechnen. Neben dem typischen Albinismus gibt es auch noch eine partielle Form und den Albinoidismus.

Das Marfan-Syndrom ist ein erblicher, vor allem das Mesenchym betreffender Symptomenkomplex, dessen Basisdefekt noch unklar ist. Die Symptomatik ist sehr vielfältig (Hochwuchs, Spinnenfingrigkeit, überstreckbare Gelenke, Augenfehler, Aortenaneurysmen). Das Marfan-Syndrom ist daher ein gutes Beispiel für Polyphänie bzw. Pleiotropie (siehe auch Frage 112). Obwohl wahrscheinlich ein Stoffwechseldefekt vorliegt, folgt das Marfan-Syndrom einem autosomal-dominantem Erbgang. Die Frequenz liegt bei 1 : 70 000 (bezüglich Phenylketonurie siehe Fragen 64, 108).

Die Achondroplasie ist in Frage 56 besprochen.

Frage 42: Über die Lokalisierung von Genen auf bestimmten Chromosomen des Menschen

1. gibt es bisher nur Vermutungen
2. gibt es bisher nur für das X-Chromosom Angaben
3. konnten aufgrund von Untersuchungen über Kopplungsverhalten Aufschlüsse gewonnen werden
4. sind auch für die Autosomen Angaben möglich
5. haben Untersuchungen an Hybridzellen zwischen Mensch und Maus nähere Aufschlüsse geliefert.

A. Nur 1 ist richtig.
B. Nur 2 ist richtig.
C. Nur 2 und 3 sind richtig.
D. Nur 3 und 4 sind richtig.
E. Nur 3, 4, und 5 sind richtig.

Es handelt sich um eine echte Prüfungsfrage.
Antwort E ist richtig.

Gene konnten zunächst vor allem deshalb auf dem X-Chromosom leichter lokalisiert werden als auf den Autosomen, weil recessive, X-gebundene Gene beim Mann mit nur einem X-Chromosom phänotypisch nachweisbar sind. Neben zahlreichen X-gebundenen Erbleiden konnten bis heute etwa 20 Strukturgene auf dem X-Chromosom lokalisiert werden.

Seit einiger Zeit ist es auch möglich, Gene auf Autosomen zu lokalisieren. Dabei können Kopplungsuntersuchungen hilfreich sein. Wenn in einer Familie zwei verschiedene genetische Merkmale vorkommen, kann man prüfen, ob sie gekoppelt sind, d. h. ob die beiden Gene auf einem bestimmten Chromosomenpaar relativ eng benachbart liegen. Trifft diese Annahme zu, so werden die beiden

Gene häufiger als dem Zufall entspricht zusammen vererbt, wenn sie auf dem gleichen Chromosom liegen, oder sie werden häufiger getrennt vererbt, wenn jedes von ihnen auf einem anderen homologen Chromosom liegt. Wenn von einem der beiden Gene bereits bekannt ist, auf welchem Chromosom es lokalisiert ist, so ist damit die Lokalisation des anderen Gens ebenfalls geklärt.

Die größten Fortschritte in der Genlokalisation wurden in den letzten Jahren vor allem durch Untersuchungen an Hybridzellen gemacht. Man versteht darunter die experimentelle Verschmelzung von menschlichen und tierischen Zellen. Für die Genkartierung haben sich vor allem Mensch-Maus-Hybridzellen bewährt, weil bei ihnen nach der Verschmelzung der beiden Kerne in darauffolgenden Zellteilungen bevorzugt menschliche Chromosomen verloren gehen. Es entstehen dadurch Hybridzellen, die neben dem vollen Mäusegenom nur noch ein menschliches Chromosom enthalten. Wenn diese Zellen ein Enzym produzieren, das in Mäusezellen normalerweise nicht synthetisiert wird, so kann man annehmen, daß das Gen für dieses Enzym auf dem einen menschlichen Chromosom sitzt, das durch Bänderungstechniken identifiziert werden kann. Mit dieser und ähnlichen Methoden sind bis heute etwa 100 autosomale Gene bestimmten Chromosomen zugeordnet worden. Jedes Jahr kommen etliche Befunde hinzu.

Abschnitt 4: Formale Genetik (Mendelsche Erbgänge)

Frage 43: Welche Aussage trifft zu?
Die Wahrscheinlichkeit, daß in einer Familie mit 3 Kindern nur Knaben oder nur Mädchen auftreten, beträgt:

A. $1/2$, da in jedem Fall 2 gleichgeschlechtliche Kinder auftreten müssen und die Wahrscheinlichkeit, daß das dritte zum selben Geschlecht gehört, $1/2$ ist.
B. $1/2$, da bei 4 Möglichkeiten (kein, ein, zwei, drei Knaben) genau 2 der 4 Fälle zutreffen.
C. $2/3$, da bei den 3 gleichwahrscheinlichen Fällen (nur Knaben, nur Mädchen, gemischt) genau zwei zutreffen.
D. $1/4$, da die Wahrscheinlichkeit von 3 Knabengeburten $1/8$ beträgt, ebenso die Wahrscheinlichkeit von 3 Mädchengeburten.
E. Keine Aussage trifft zu.

Es handelt sich um eine echte Prüfungsfrage.
Antwort D ist richtig.

Es wird nach der vorausschauenden Wahrscheinlichkeit gefragt, wie oft Kinder gleichen Geschlechts in einer Familie auftreten werden. Da jedesmal die Chance $1/2$ besteht, daß ein Knabe oder ein Mädchen geboren wird, ist die Wahrscheinlichkeit daß dieses Ereignis dreimal hintereinander eintritt $1/2 \times 1/2 \times 1/2 = 1/8$, sowohl für 3 Knaben als auch für 3 Mädchen. Bei der Frage wie oft 3 Knaben *oder* 3 Mädchen auftreten, müssen die beiden Wahrscheinlichkeiten addiert werden.

Frage 44: Welche Aussage trifft zu?
Die Wahrscheinlichkeit, daß in einer Geschwisterschaft nach drei Knaben als 4. Kind wieder ein Knabe geboren wird, beträgt:

A. ¹/₁₆
B. ⅛
C. ¼
D. ½
E. ¾

Es handelt sich um eine echte Prüfungsfrage.
Antwort D ist richtig.

Die Wahrscheinlichkeit, daß ein Knabe geboren wird, ist immer ½, unabhängig davon wie oft vorher schon ein Knabe zur Welt gekommen ist.

Frage 45: Ein heterozygoter Mann mit einem abnormen Gen heiratet eine heterozygote Frau mit dem gleichen abnormen Gen. Wie hoch ist die Chance für jedes Kind, homozygot zu erkranken?

A. 100%
B. 75%
C. 50%
D. 25%
E. 0%

Es handelt sich um eine echte Prüfungsfrage.
Antwort D ist richtig.

Es ist zu beachten, daß nach der *homozygoten* Erkrankung gefragt ist. Es besteht daher kein Unterschied zwischen dominantem und recessivem Erbgang. In beiden Fällen haben nur ¼ der Nachkommen das krankmachende Gen in zweifacher Ausfertigung. Im Falle eines dominant-erblichen Merkmals wären zusätzlich noch ½ der Nachkommen heterozygot erkrankt.

Frage 46: In welchen Fällen kann der Proband der einzige Kranke in einer gesunden Familie sein, obwohl eine Erbkrankheit vorliegt?

1. Autosomal-recessives Erbleiden.
2. Dominante Neumutation.
3. X-chromosomal recessive Neumutation.
4. Multifaktorielle Vererbung mit Schwellenwerteffekt.

A. Nur 2 und 3 sind richtig.
B. Nur 1, 2 und 3 sind richtig.
C. Nur 1, 2 und 4 sind richtig.
D. Nur 2, 3, und 4 sind richtig.
E. 1–4 = alle sind richtig.

Es handelt sich um eine echte Prüfungsfrage.
Antwort E ist richtig.

Bei autosomal recessiven Erbleiden ist das Risiko für kranke Nachkommen 25%. Bei den heutigen Familiengrößen ist daher das einmalige Auftreten der Krankheit durchaus möglich.

Bei einer dominanten Neumutation ist nur dann mit weiteren Erkrankungsfällen zu rechnen, wenn der betroffene Patient sich fortpflanzt.

Eine X-chromosomal recessive Neumutation würde sich nur bei männlichen Personen manifestieren, so daß auch hierbei durchaus mit Einzelfällen zu rechnen ist.

Bei multifaktorieller Vererbung mit Schwellenwerteffekt tritt nur dann erbkranker Nachwuchs auf, wenn beide Eltern krankhafte Anlagen haben und beim Kind eine bestimmte Mindestanzahl dieser Gene zusammentrifft. Das empirische Risiko für dieses Ereignis liegt meist deutlich unter 10%.

Frage 47: Welche Aussage trifft zu?
Bei einem autosomal dominanten Merkmal versteht man unter Penetranz

A. die unterschiedliche Ausprägung eines Merkmals innerhalb einer Familie
B. den Anteil der Merkmalsträger unter den Genträgern
C. die Häufigkeit eines Merkmals in einer abgegrenzten Population
D. den Grad der Schädlichkeit eines Merkmals
E. die Häufigkeit eines Merkmals in einer Geschwisterreihe.

Es handelt sich um eine echte Prüfungsfrage.
Antwort B ist richtig.

Der Begriff der Penetranz wurde in die Humangenetik eingeführt, weil sich herausstellte, daß bei vielen Erkrankungen, bei denen ein dominanter Erbgang angenommen werden muß, nicht die zu erwartenden 50% Erkrankungsfälle pro Generation gefunden werden. Man beschreibt damit ein Phänomen, das man noch nicht ausreichend erklären kann. Da bei einem dominanten Erbgang eine Erkrankungsrate von 50% pro Generation zu erwarten ist, entspricht dieser Wert einer 100%igen Penetranz. Verminderte Penetranz liegt also erst dann vor, wenn dieser Wert nicht erreicht wird.

Die unter A gegebene Definition entspricht dem Begriff der „Expressivität". Für die übrigen Definitionen gibt es keine speziellen Fachausdrücke.

Frage 48: Was bedeutet „Expressivität" in der Humangenetik?
A. Die Manifestation im heterozygoten Zustand.
B. Den Schwellenwerteffekt bei multifaktoriellen Merkmalen.
C. Den Grad der Manifestation eines Merkmals.
D. Das Ausbleiben der Manifestation eines dominanten Merkmals bei Vorliegen des entsprechenden Allels.
E. Den Zeitpunkt der Merkmalsmanifestation.

Es handelt sich um eine echte Prüfungsfrage.
Antwort C ist richtig.

Der Begriff „Expressivität" spielt vor allem beim dominanten Vererbungsmodus eine wichtige Rolle. Er beschreibt das Phänomen, daß nicht alle Genträger das Merkmal in gleicher Deutlichkeit aufweisen. Die Ursachen hierfür sind noch weitgehend unbekannt. Unter anderem dürfte die Beschaffenheit des zweiten „normalen" Gens den Grad der „Expressivität" beeinflussen. Die „Expressivität" kann so gering sein, daß die Symptome nicht mehr nachweisbar sind. In diesem Fall sind die Begriffe „Expressivität" und „Penetranz" nicht mehr klar voneinander zu trennen.

Antwort A trifft nicht zu, da die Manifestation des Merkmals im heterozygoten Zustand bei dominanter Vererbung die Regel ist.

Der unter B angeführte Schwellenwerteffekt führt bei multifaktorieller Vererbung dazu, daß trotz einer Normalverteilung der Gene in der Bevölkerung nur zwei Gruppen (Merkmalsträger und Nichtmerkmalsträger) vorkommen (siehe auch Frage 82).

Die Antwort D gibt die Definition für den Begriff „Penetranz".

Der unter E erwähnte Zeitpunkt der Merkmalsmanifestation spielt bei dominanten Erbleiden eine wichtige Rolle. Beispielsweise treten bei der Chorea Huntington die ersten Symptome erst jenseits des 40. Lebensjahres auf, so daß die Reproduktionsphase schon abgeschlossen ist und damit die Weitergabe des Gens bereits erfolgt ist.

Frage 49: Welche Aussage trifft *nicht* zu?
Bei einer schweren regelmäßig autosomal-dominant vererbten Krankheit findet(n) sich

A. keine Weitergabe über gesunde Kinder eines merkmalstragenden Elternteils
B. wegen des Selektionsdrucks gegen das betreffende Gen nur kurze Stammbäume, d. h. Weitergabe des Gens nur durch wenige Generationen
C. Auftreten bei Söhnen und Töchtern von Merkmalsträgern in gleicher Häufigkeit
D. von Generation zu Generation schwerere und frühere Ausprägung (Anticipation)
E. Weitergabe über betroffene Mütter und Väter mit gleicher Wahrscheinlichkeit.

Es handelt sich um eine echte Prüfungsfrage.
Antwort D ist richtig.

Der Begriff „Anticipation" spielte in den Anfängen der Humangenetik eine relativ große Rolle, weil man bei einigen Erbkrankheiten die Tendenz festgestellt zu haben glaubte, in den Folgegenerationen immer früher und in schwererer Ausprägung aufzutreten. Weinberg konnte allerdings bereits feststellen, daß es sich bei diesem Phänomen um ein statistisches Artefakt handelt.

Frage 50: Welche Aussage trifft zu?
Der nebenstehende Stammbaum ist charakteristisch für

A. autosomal-dominanten Erbgang
B. X-chromosomal dominanten Erbgang
C. autosomal-recessiven Erbgang
D. X-chromosomal recessiven Erbgang
E. polygenen Erbgang

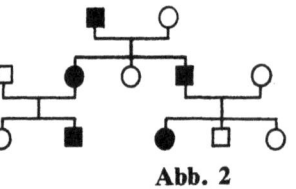

Abb. 2

Es handelt sich um eine echte Prüfungsfrage.
Antwort A ist richtig.

Für einen autosomal-dominanten Erbgang ist charakteristisch, daß in allen Generationen Erkrankte auftreten, pro Generation etwa 50% der Familienmitglieder erkranken, Männer und Frauen etwa gleich häufig betroffen sind.

Bei einem X-chromosomal dominanten Erbgang müßte der in der zweiten Generation eingezeichnete männliche Nachkomme gesund sein, da er von seinem Vater kein X-gebundenes Gen geerbt haben kann. Außerdem müßte auch die zweite Tochter in dieser Generation krank sein, da sie auf jeden Fall das dominant krankmachende Gen ihres Vaters erben würde.

Ein autosomal-recessiver Erbgang wäre nur dann möglich, wenn die als gesund eingezeichneten Ehepartner Genträger wären. In diesem Fall würden auch 50% der Nachkommen erkranken (sogenannte Pseudodominanz). Es ist jedoch höchst unwahrscheinlich, daß diese Konstellation in einer Familie dreimal eintritt.

Der X-chromosomal recessive Erbgang ist auszuschließen, weil in der 2. und 3. Generation eine erkrankte Tochter vorkommt. Dies wäre auch nur dadurch erklärlich, daß in beiden Fällen die Mutter Genträgerin ist.

Für einen polygenen Erbgang kommen insgesamt zu viele Erkrankte vor.

Frage 51: Gesunden Eltern aus bisher unbelasteten Familien wird ein Kind mit einer schweren autosomal-dominanten Erkrankung geboren. Welche ist die wahrscheinlichste Erklärung?

A. Falsche Erbgangsanalyse
B. Verminderte Penetranz
C. Geringe Expressivität
D. Neumutation
E. Degeneration des Keimplasmas

Es handelt sich um eine echte Prüfungsfrage.
Antwort D ist richtig.

Bei schweren autosomal-dominanten Krankheiten ist eine Neumutation die wahrscheinlichste Erklärung, weil die betroffenen Patienten meist gar nicht fortpflanzungsfähig werden.

Bei leichteren Erkrankungen könnte auch eine verminderte Penetranz angenommen werden, bei intensiver Nachforschung müßten jedoch in der weiteren Familie noch Erkrankungsfälle nachweisbar sein. Wenn verminderte Expressivität als Erklärung angeführt wird, ist zu fordern, daß bei einem Elternteil zumindest geringe Krankheitssymptome auftreten. Die Alternative A ist sehr unwahrscheinlich, E ergibt keinen Sinn.

Frage 52: Welche Antwort trifft zu?
Kann eine Person mit einem autosomal-dominant erblichen Leiden ein gesundes Kind haben?

A. Nein.
B. Ja, aber nur, wenn der Ehepartner nicht das gleiche Erbleiden hat.
C. Ja, und zwar auch, wenn der Ehepartner das gleiche Erbleiden besitzt.
D. Ja, aber nur bei herabgesetzter Penetranz.
E. Ja, und zwar nur, wenn es sich um eine Neumutation handelt.

Es handelt sich um eine echte Prüfungsfrage.
Aussage C ist richtig.

Bei Personen mit einem autosomal-dominanten Leiden liegt in der Regel Heterozygotie vor. Ehepartner, die das gleiche Erbleiden besitzen, haben eine 25%ige Chance, gesunde Kinder zu bekommen, 75% ihrer Nachkommen werden krank sein, wobei 25% homozygot und 50% heterozygot erkranken. Falls ein Ehepartner erkrankt ist, werden 50% der Nachkommen gesund und 50% krank sein. Nur wenn ein Elternteil homozygot für die kranke Erbanlage ist, werden 100% seiner Kinder auch krank sein. Homozygotie führt jedoch bei fast allen dominanten Erkrankungen zu so schweren Störungen, daß eine Fortpflanzung nicht zu erwarten ist.

Frage 53: Welche Aussage trifft *nicht* zu?
Bei einem autosomal-dominanten Erbleiden ist

A. der Heterozygote erkrankt
B. nur der Homozygote erkrankt
C. der Homozygote in der Regel schwerer erkrankt als der Heterozygote
D. Heterozygotie häufiger als Homozygotie
E. der Kranke im Durchschnitt gleich häufig männlichen und weiblichen Geschlechts.

Es handelt sich um eine echte Prüfungsfrage.
Antwort B ist richtig.

Wie bereits aus dem Dominanzbegriff hervorgeht, zeigen Personen, die ein krankes Gen haben, mehr oder minder vollständig die Symptomatik des Erbleidens. Patienten, bei denen beide Gene betroffen sind, erkranken meist deutlich schwerer. In vielen Fällen stellt Homozygotie für ein dominantes Erbleiden sogar einen Letalfaktor dar. Daß Heterozygote häufiger sind als Homozygote ist selbstverständlich, denn der homozygote Zustand kann nur unter den Nachkommen von zwei Erkrankten auftreten.

Eine Abweichung vom normalen Geschlechterverhältnis bei einer großen Zahl von Erkrankten würde für das Vorliegen eines X-chromosomalen Erbgangs sprechen. Allerdings sind diese Abweichungen nicht bei allen Konstellationen so deutlich, daß eine klare Unterscheidung zwischen autosomalem und X-gebundenem Erbgang möglich ist.

Frage 54: Das erste Kind gesunder Eltern ist an einer Achondroplasie (Chondrodystrophie) erkrankt. Wie hoch ist das Risiko dieser Form des Zwergwuchses für ein weiteres Kind aus dieser Ehe?

A. 50%
B. 25%
C. 3%
D. 0%
E. das Risiko entspricht der Mutationsrate

Es handelt sich um eine echte Prüfungsfrage, die weitgehend identisch mit Frage 56 ist.
Antwort E ist richtig.

Frage 55: Welche Aussage trifft *nicht* zu?
Der Grad der Selektion bei autosomal-dominanten Erbkrankheiten ist u. a. von folgenden Faktoren abhängig:

A. Von der Expressivität
B. Vom Erkrankungsalter
C. Vom Ausmaß der möglichen Rehabilitation
D. Von der Penetranz
E. Von der Mutationsrate

Es handelt sich um eine echte Prüfungsfrage.
Antwort E ist richtig.

Die Mutationsrate ist eine mehr oder minder konstante Größe, die dafür sorgt, daß nicht-vererbte Neuerkrankungen auftreten. Die Selektionsmechanismen sind von der Anzahl solcher Neumutationen unabhängig.

Die Expressivität beeinflußt die Selektion in der Weise, daß bei schwach ausgeprägter Symptomatik die Fortpflanzungsfähigkeit eines Erkrankten nicht wesentlich eingeschränkt ist und er daher das Gen an seine Nachkommen weitergeben kann.

Das Erkrankungsalter spielt für die Selektion ebenfalls eine wesentliche Rolle, da bei Spätmanifestation des Leidens die Fortpflanzungsphase meist schon abgeschlossen ist und das Gen bereits an die Nachkommen weitergegeben wurde, bevor der Erkrankte erkennen kann, daß er Anlageträger für ein dominantes Erbleiden ist.

Durch Rehabilitationsmaßnahmen, mit deren Hilfe eine mehr oder minder vollständige Fortpflanzungsfähigkeit der Erkrankten erreicht werden kann, wird die Selektion gegen das krankmachende Gen weitgehend aufgehoben.

Verminderte Penetranz hat zur Folge, daß manche Familienmitglieder zwar Genträger sind, aber keine phänotypisch nachweisbaren Krankheitssymptome aufweisen. Da diese Personen sich normal fortpflanzen werden, erhöhen sie den Genbestand und wirken damit der Selektion entgegen.

Frage 56: Welche Antwort trifft zu?
Ein Elternpaar hat einen Knaben mit Achondroplasie. Beide Eltern sind erscheinungsfrei und nicht miteinander verwandt. Die Mutter ist 35 Jahre alt, der Vater 45. Die Wahrscheinlichkeit, das gleiche Leiden zu haben, beträgt für ein folgendes Kind

A. etwa 1 : 100 000 (Mutationsrate)
B. etwa 3–4%
C. $1/4$
D. $1/2$
E. für Knaben $1/2$, für Mädchen 0

Es handelt sich um eine echte Prüfungsfrage.
Antwort A ist richtig.

Die Achondroplasie (früher auch Chondrodystrophie genannt) ist eine autosomal-dominante Erbkrankheit mit kaum verminderter Penetranz und Expressivität. Da beide Eltern nicht betroffen sind, muß es sich bei dem erkrankten Knaben um eine Spontanmutation handeln. Das Risiko, daß ein weiteres Kind mit dieser Krankheit geboren wird, liegt daher nicht wesentlich höher als die Mutationsrate. Da Patienten mit Achondroplasie sich meist nicht fortpflanzen, sind erbliche Fälle selten.

Die Altersangabe für die Eltern spielt für die Beantwortung keine Rolle, sie kann aber dadurch zur Verwirrung führen, daß die Zahl der dominanten Spontanmutationen mit dem Alter des Vaters stark zunimmt. Allerdings werden trotzdem keine der unter B–E angegebenen Werte erreicht (siehe auch Frage 120).

Frage 57: Welche Aussage trifft zu?
Die Erkrankungswahrscheinlichkeit für recessive Erbkrankheiten bei Kindern gesunder heterozygoter Eltern beträgt 25%. Wenn bei einem solchen Elternpaar die ersten drei Kinder betroffen sind, ist die Erkrankungswahrscheinlichkeit für das nächste Kind

A. verschwindend gering
B. geringer als 6,25%
C. auch 25%
D. 50%
E. 75%

Es handelt sich um eine echte Prüfungsfrage.
Antwort C ist richtig.

Das Erkrankungsrisiko ist für jedes Kind 25%, unabhängig davon wie viele Kinder vorher schon erkrankt sind (siehe auch Fragen 43, 44).

Frage 58: Welche Aussage trifft *nicht* zu?
Folgende Merkmale sind typisch für den autosomal-recessiven Erbgang bei menschlichen Erbkrankheiten:

A. Unter den Eltern der Kranken kommen Verwandtenehen vermehrt vor.
B. Aufspaltungsverhältnis unter Geschwistern, von denen eines erkrankt ist: 1 Kranker : 3 Gesunde.
C. Aufspaltungsverhältnis unter den Kindern der Kranken: 1 Kranker : 1 Gesunder.
D. Die meisten Kranken sind Kinder gesunder Eltern.
E. Unter den gesunden Geschwistern der Kranken sind $2/3$ heterozygot.

Es handelt sich um eine echte Prüfungsfrage.
Antwort C ist richtig.

Das unter C angegebene Aufspaltungsverhältnis entspricht dem bei dominantem Erbgang zu erwartenden Verhältnis. Bei recessivem Erbgang sind unter den Nachkommen eines Erkrankten normalerweise keine Kranken zu erwarten, da alle Kinder von dem gesunden

Elternteil ein gesundes dominantes Gen erben. Nur wenn der unwahrscheinliche Fall eintritt, daß ein Erkrankter mit einem heterozygoten Genträger zusammentrifft, werden unter den Nachkommen 50% Kranke sein (Pseudodominanz; siehe auch Frage 60).

Die unter A erwähnten Verwandtenehen spielen bei der recessiven Vererbung eine große Rolle, weil durch sie die Chance, daß zwei Genträger zusammentreffen, erheblich steigt.

Unter B ist das für einen recessiven Erbgang typische Aufspaltungsverhältnis angegeben, nach dem nur 25% der Nachkommen von zwei Genträgern für das krankhafte Gen homozygot sind und folglich erkranken. Daß beide Eltern Genträger sind, ist durch das Auftreten eines erkrankten Kindes nachgewiesen.

Wie unter D richtig angegeben, sind die Eltern Erkrankter fast immer gesund, da sie nur heterozygote Genträger sind, die entsprechend dem Recessivitätsbegriff phänotypisch unauffällig sind.

Die unter E erwähnte Tatsache, daß von den gesunden Geschwistern eines Erkrankten $^2/_3$ Anlageträger sind, erklärt sich daraus, daß die Erkrankten ($^1/_4$) bei dieser Betrachtung der Nachkommenschaft ausscheiden. Die restlichen $^3/_4$ werden demnach als 100% angesehen und davon ist $^1/_3$ homozygot gesund und $^2/_3$ heterozygot. Diese $^2/_3$ sind zwar phänotypisch unauffällig, können aber das krankhafte Gen an ihre Nachkommen weitergeben.

Frage 59: Welche Antwort ist richtig?
Leidet ein Patient an einer sehr seltenen Krankheit, die im allgemeinen als recessiv erblich bekannt ist, und finden sich auch bei genauer Nachforschung in der Familie keine weiteren Fälle dieser Krankheit, so

A. liegt wahrscheinlich eine Phänokopie vor
B. ist das Vorliegen einer Erbkrankheit höchst unwahrscheinlich
C. handelt es sich um unregelmäßige Recessivität
D. ist an eine Neumutation zu denken
E. spricht dies nicht gegen ein ererbtes recessives Leiden.

Es handelt sich um eine echte Prüfungsfrage.
Antwort E ist richtig.

Bei recessiven Erbleiden ist es sogar die Regel, daß in der Familie keine weiteren Erkrankungen gefunden werden, da nur dann erbkranke Nachkommen zu erwarten sind, wenn zwei Genträger zusammentreffen und das ist bei einer Häufigkeit der meisten recessiven Leiden von 1 : 10 000 bis 1 : 100 000 nur sehr selten der Fall.

Der unter A erwähnte Begriff „Phänokopie" bezeichnet die Möglichkeit, daß gleiche Krankheitsbilder durch verschiedene Ursachen entstehen können. So gibt es beispielsweise neben der Trisomie 18 ein Syndrom, das als „Pseudotrisomie 18" bezeichnet wird, weil eine sehr ähnliche Symptomatik auftritt, obwohl ein normaler Chromosomensatz vorliegt.

Den unter C aufgeführten Begriff einer „unregelmäßigen Recessivität" gibt es in der Humangenetik nicht. Von unregelmäßiger Vererbung spricht man lediglich bei dominanten Erbleiden, wenn eine verminderte Penetranz oder Expressivität vorliegt (siehe auch Fragen 47, 48).

Die unter D angesprochene Möglichkeit einer Neumutation ist relativ unwahrscheinlich, da für die Auslösung eines recessiv erblichen Leidens eine Mutation der beiden homologen Gene notwendig wäre.

Frage 60: Welche Aussage trifft zu?
Wenn ein Elternteil krank, der andere Elternteil gesund aber heterozygot ist, beträgt bei autosomal-recessiver Vererbung das Erkrankungsrisiko für die Kinder

A. 100%
B. 75%
C. 50%
D. 25%
E. unter 5%

Es handelt sich um eine echte Prüfungsfrage.
Antwort C ist richtig.

Bei einer recessiv-erblichen Krankheit muß ein Erkrankter homozygot für das entsprechende Gen sein. Wenn sein Ehepartner heterozygot ist, haben die Nachkommen ein Risiko von 50% zwei krankmachende Gene zu erben. Da in diesem Fall, trotz des Vorliegens eines recessiven Erbleidens, 50% der Nachkommen erkranken, was normalerweise nur bei dominanten Krankheiten zu erwarten ist, nennt man dieses Phänomen „Pseudodominanz".

Frage 61: Bei Geschwistern eines Kindes mit einer autosomal-recessiv erblichen Stoffwechselstörung ist vor der Ehe eine Chromosomenanalyse angezeigt,
weil
man durch eine Chromosomenanalyse nachweisen oder ausschließen kann, daß der betreffende Genträger heterozygot ist.

A. Aussagen 1 und 2 sind richtig, Verknüpfung ist richtig.
B. Aussagen 1 und 2 sind richtig, Verknüpfung ist falsch.
C. Aussage 1 ist richtig, Aussage 2 falsch.
D. Aussage 1 ist falsch, Aussage 2 richtig.
E. Aussagen 1 und 2 sind falsch.

Es handelt sich um eine echte Prüfungsfrage.
Antwort E ist richtig.

Aussagen 1 und 2 sind falsch, weil recessiv erbliche Stoffwechselstörungen durch Punktmutationen an einzelnen Genen entstehen und solche Veränderungen mit den derzeit zur Verfügung stehenden cytogenetischen Methoden nicht nachweisbar sind. Bei einigen Stoffwechselstörungen ist es jedoch inzwischen möglich geworden, durch quantitative Enzymbestimmungen nachzuweisen, ob beide Gene voll funktionsfähig sind oder ob eines defekt ist. Ein solcher Heterozygotennachweis ist beispielsweise bei der Galaktosämie und bei verschiedenen Typen der Glykogenosen durchführbar.

Frage 62: Welche der folgenden Krankheiten wird autosomal-recessiv vererbt?

A. Achondroplasie (Chondrodystrophie)
B. Hämophilie A
C. Chorea Huntington
D. Pylorusstenose
E. Mucoviscidose

Es handelt sich um eine echte Prüfungsfrage.
Antwort E ist richtig.

Die Mucoviscidose ist in Mitteleuropa die am häufigsten auftretende autosomal-recessive Erbkrankheit. Auf ca. 2 000 Geburten muß mit einem Fall gerechnet werden. Die Häufigkeit der Heterozygoten ist mit etwa 1 : 25 erschreckend hoch. Der homozygote Gendefekt führt zu einer Dysfunktion der exokrinen Drüsen, insbesondere zu einer erhöhten Viskosität des Exkretes (daher auch der Name). Der Basiseffekt ist noch unbekannt. Da eines der Hauptsymptome eine Störung des Pankreas ist, wird auch der Name „cystische Pankreasfibrose" gebraucht. Neben schweren Verdauungsstörungen stehen eine chronische Bronchitis und Neigung zu Infekten im Vordergrund des klinischen Bildes. Die meisten Kinder versterben in den ersten Lebensjahren. Ein eindeutiger Heterozygotentest ist noch nicht vorhanden.

Die Hämophilie A wird X-chromosomal recessiv vererbt (siehe auch Fragen 123, 124).

Die Chrorea Huntington wird autosomal dominant vererbt (siehe auch Frage 48).

Die Pylorusstenose wird polygen vererbt. Es handelt sich dabei um eine genetisch bedingte Verengung des Magenausgangs, wodurch starkes Erbrechen kurz nach der Nahrungsaufnahme verursacht wird. In Mitteleuropa muß mit etwa 3 Fällen auf 1 000 Geburten gerechnet werden, wobei eine deutliche Androtropie (Bevorzugung des männlichen Geschlechts) von 5 : 1 zu beobachten ist.

Frage 63: Wenn Eltern, die Vetter und Base sind, bereits zwei Kinder mit Mucoviscidose haben, beträgt das Risiko für jedes weitere Kind – auch an der Krankheit zu leiden – 25%,
weil
bei Blutsverwandschaft der Eltern das Risiko für das Auftreten einer recessiven Erbkrankheit erhöht ist.

A. Aussagen 1 und 2 sind richtig, Verknüpfung ist richtig.
B. Aussagen 1 und 2 sind richtig, Verknüpfung ist falsch.
C. Aussage ist richtig, Aussage 2 ist falsch.
D. Aussage 1 ist falsch, Aussage 2 ist richtig.
E. Aussagen 1 und 2 sind falsch.

Es handelt sich um eine echte Prüfungsfrage.
Antwort B ist richtig.

Wie schon mehrmals (Fragen 57, 58) festgestellt, ist nach der Geburt eines Kindes mit einem recessiv-erblichen Leiden davon auszugehen, daß beide Eltern Anlageträger sind. Für jedes weitere Kind besteht daher ein 25%iges Risiko, mit diesem Leiden behaftet zu sein. Dieses Risiko ist unabhängig von der Tatsache, daß bei Blutsverwandschaft der Eltern generell ein erhöhtes Risiko für das Auftreten recessiver Erbkrankheiten besteht, das um so höher ist, je enger die Verwandtschaftsbeziehungen sind.

Frage 64: Das Kind eines gesunden Elternpaares leidet an Phenylketonurie. Daraus folgt:

1. Die Eltern müssen miteinander blutsverwandt sein.
2. Vater und Mutter sind heterozygote Genträger.
3. Die Erkrankungswahrscheinlichkeit für weitere Kinder liegt bei 25%.
4. Die Erkrankung beruht auf einer Neumutation.
5. Das Kind kann sich bei entsprechender Diät normal entwickeln.

A. Nur 1 und 2 sind richtig.
B. Nur 2, 4 und 5 sind richtig.
C. Nur 1 und 4 sind richtig.
D. Nur 2, 3 und 4 sind richtig.
E. Nur 2, 3 und 5 sind richtig.

Es handelt sich um eine Prüfungsfrage, die aus einer Fragensammlung von Studenten stammt. Die Formulierung der Originalfrage kann daher etwas abweichen.
Antwort E ist richtig.

Phenylketonurie beruht auf einem recessiv erblichen Stoffwechseldefekt. Sie kann daher nur dann bei Kindern auftreten, wenn beide Eltern Genträger sind. Wenn diese Konstellation vorliegt, besteht ein 25%iges Risiko für jedes Kind, an Phenylketonurie zu erkranken. Allerdings kann heute bei einer rechtzeitigen Diagnose durch eine phenylalaninarme Ernährung das Auftreten der Gehirnschädigung weitgehend verhindert werden.

Eine Blutsverwandschaft der Eltern (1) kann zwar nicht mit Sicherheit angenommen werden, sie liegt aber bei recessiven Erbkrankheiten relativ häufig vor, so daß die Familien gezielt auf Verwandtenehen überprüft werden müssen.

Die Entstehung der Erkrankung durch eine Neumutation (4) ist nicht sehr wahrscheinlich, da diese Mutation beide Allele betreffen müßte, um die Manifestation der Krankheit auszulösen.

Frage 65: Bei Erbkrankheiten mit autosomal-recessiver Vererbung ist die Wahrscheinlichkeit für das Auftreten der Krankheit bei Kindern heterozygoter Eltern 25%.
Welche der folgenden Behauptung trifft in diesem Zusammenhang zu?

1. Wenn Familien über die kranken Kinder erfaßt werden, ist der Prozentsatz der kranken Kinder in den Familien höher als 25%.
2. Wenn Familien über die kranken Kinder erfaßt werden, kann der Prozentsatz der kranken Kinder mehr als 50% betragen.
3. Bei einer Untersuchung des Erbgangs einer autosomal-recessiv vererbten Krankheit vor hundert Jahren war zu erwarten, daß der Prozentsatz der kranken Kinder bei Erfassung über die Kranken niedriger war als heute.

A. Nur 1 ist richtig.
B. Nur 1 und 2 sind richtig.
C. Nur 1 und 3 sind richtig.
D. Nur 2 und 3 sind richtig.
E. 1–3 = alle sind richtig.

Es handelt sich um eine echte Prüfungsfrage.
Antwort E ist richtig.

Bei einer Erbgangsanalyse, die nur auf der Erfassung der Familien über die kranken Kinder basiert, muß ein zu hoher Wert für die Erkrankungswahrscheinlichkeit entstehen, weil die Familien, in denen zufällig kein erkranktes Kind geboren wurde, in die Berechnung nicht mit eingehen. Wie stark die Verfälschung ausfällt, hängt weitgehend von der durchschnittlichen Familiengröße ab. Sind 1–2 Kindfamilien die Regel, so kann der so errechnete Prozentsatz kranker Kinder 50% und mehr betragen. Da vor 100 Jahren die Familien noch wesentlich größer waren, wäre der Fehler bei einer Erbgangsanalyse über die Kranken bei diesen Familien geringer ausgefallen als heute (siehe auch Frage 104).

Frage 66: Bei einem recessiven Erbleiden, bei dem beide Eltern die Anlage im heterozygoten Zustand besitzen, sei X die Anzahl der gesunden (homozygot dominanten), Y die Anzahl der erbkranken (homozygot recessiven) und (n-X-Y) die Anzahl der heterozygoten Kinder.
Welche Aussage trifft für die Zufallsvariablen X und Y *nicht* zu?

A. Beide Zufallsvariablen folgen einer Binominalverteilung.
B. Der Erwartungswert von X beträgt n/2.
C. Die Varianzen beider Zufallsvariablen sind gleich.
D. Die Erwartungswerte beider Zufallsvariablen sind gleich.
E. Die Varianz von X beträgt $1/4 \cdot 3/4 \cdot n$.

Es handelt sich um eine echte Prüfungsfrage, wobei unklar ist, ob sie der Biomathematik oder der Humangenetik zuzuordnen ist.
Antwort B ist richtig.

Man kann die Frage lösen, indem man die genetischen Aussagen überprüft, ohne auf die biomathematischen Angaben eingehen zu müssen: bei einem rezessiven Erbleiden ist die Anzahl der reinerbig gesunden (X) 25%, ebenso die Anzahl der reinerbig kranken (Y). Die Anzahl der heterozygoten Kinder ist 50%. Als Antwort B wird angegeben X entspräche n/2; Da „n" die Gesamtzahl, also 100% ist, wäre $n/2$ 50%. Das widerspricht dem oben genannten Erwartungswert, also ist diese Antwort falsch.

Frage 67: Welche Aussage trifft zu?
X-chromosomale Vererbung eines Merkmals ist auszuschließen, wenn

A. das Merkmal nur bei Männern auftritt
B. das Merkmal auch bei Frauen vorkommt
C. die Übertragung vom Vater auf den Sohn beobachtet wird
D. die Übertragung der Anlage von der Mutter auf den Sohn erfolgt
E. das Merkmal auch bei Patienten mit Turner-Syndrom (45,XO) beobachtet wird.

Es handelt sich um eine echte Prüfungsfrage.
Antwort C ist richtig.

Da der Vater nur das Y-Chromosom an seinen Sohn weitergibt, kann er kein X-chromosomales Merkmal an ihn vererben. Bei einem an einem X-chromosomalen Leiden erkrankten Sohn muß die Übertragung des Gens also immer über die Mutter erfolgt sein.

Wenn ein Merkmal nur bei Männern vorkommt, so ist ein X-chromosomal recessiver Erbgang zu vermuten, da Frauen mit ihrem 2. X-Chromosom die Anlage für das Merkmal kompensieren können.

Wenn auch Frauen betroffen sind, so könnte ein X-chromosomal dominanter Erbgang vorliegen, da hierbei Frauen sogar eine größere Chance haben als Männer, daß sie von ihren Eltern das entsprechende X-Chromosom erben.

Auch bei Turner-Patienten kann ein ererbtes X-chromosomales Gen phänotypisch wirksam werden, da die Gene des verbleibenden X-Chromosoms normal aktiv sind.

Frage 68: Ein Mann mit einer X-chromosomal-recessiv vererbten Krankheit kann diese nicht auf einen Sohn weitergeben,
weil
das Y-Chromosom keine nachweisbaren, dem X-Chromosom homologen Gene enthält.

A. Aussagen 1 und 2 sind richtig, Verknüpfung ist richtig.
B. Aussagen 1 und 2 sind richtig, Verknüpfung ist falsch.
C. Aussage 1 ist richtig, Aussage 2 falsch.
D. Aussage 1 ist falsch, Aussage 2 richtig.
E. Aussagen 1 und 2 sind falsch.

Es handelt sich um eine echte Prüfungsfrage. Wegen der Beantwortung bestehen Unklarheiten, auf die das Institut für Prüfungsfragen hingewiesen wurde, so daß die Formulierung evtl. inzwischen geändert ist.

Aussage 1 ist richtig (siehe Fragen 67, 71).

Aussage 2 ist auch richtig, da auf dem Y-Chromosom wahrscheinlich nur die Gene für die männliche Geschlechtsdeterminierung aktiv sind.

Meines Erachtens ist auch die Verknüpfung beider Aussagen richtig, da die Theorie besteht, daß das Y-Chromosom während der Evolution aus einem X-Chromosom entstanden ist, wodurch es möglich erscheint, daß das Y-Chromosom dem X-Chromosom homologe Gene besitzt, auch wenn diese heute nicht mehr aktiv sind. Im Antwortbogen wurde allerdings Antwort B als richtig bezeichnet, wonach die logische Verknüpfung falsch wäre. Da ich bisher keine Antwort auf meine diesbezügliche Anfrage erhalten habe, kann ich die Argumente des Instituts für Prüfungsfragen zu dieser Frage nicht wiedergeben.

Frage 69: Ein gesundes Ehepaar mit normalem Farbsehvermögen hat einen Sohn mit progressiver Muskeldystrophie (Typ Duchenne) und Deuteranopie und einen gesunden Sohn mit Deuteranopie. Welcher der folgenden Begriffe kann diesen Befund erklären?

A. Verminderte Penetranz
B. Genetische Heterogenie
C. Crossing-over
D. Genkoppelung
E. Polygene Vererbung

Es handelt sich um eine echte Prüfungsfrage.
Antwort C ist richtig.

Bei beiden Erkrankungen handelt es sich um X-chromosomal recessive Erbleiden. Das gemeinsame Auftreten der Krankheiten bei einem Sohn spricht dafür, daß er von seiner Mutter ein X-Chromosom ererbt hat, auf dem beide Anlagen vorhanden waren (Genkoppelung). Der Sohn ohne Muskeldystrophie muß aus einer Eizelle entstanden sein, in der durch Crossing-over zwischen den beiden X-Chromosomen die beiden Gene getrennt wurden. Bei der Meiose ist das X-Chromosom mit dem Deuteranopie-Gen in die Eizelle geraten, aus der dann der Sohn entstanden ist.

Bei der Muskeldystrophie Duchenne handelt es sich um eine erbliche Myopathie, deren Basiseffekt noch unbekannt ist. Die Erstmanifestation erfolgt in den ersten Lebensjahren an den unteren Extremitäten, der Verlauf ist progredient aufsteigend und führt meist noch vor dem 20. Lebensjahr zum Tod. Mit einer Häufigkeit von 1 : 3 000 bei Knaben ist sie die häufigste Muskeldystrophieform.

Die Deuteranopie (bei geringerer Ausprägung Deuteranomalie) stellt die häufigste Farbsehstörung dar. Die Grünerkennung ist verloren bzw. eingeschränkt. Etwa 6% aller Männer in Europa leiden an dieser Störung. Als weitere Farbsehstörungen sind die Tritanomalie (Blausinnstörung) und die Protanomalie (Rotsinnstörung) bekannt, sie sind jedoch erheblich seltener als die Deuteranomalie. Die für das Farbsehen benötigten Gene sitzen wahrscheinlich enggekoppelt auf dem X-Chromosom, und für jedes der 3 Gene gibt es mehrere Allele. Nicht selten tritt eine kombinierte Störung auf (z. B. Rotgrünschwäche).

Frage 70: Es sind fast nur Männer betroffen und niemals erbt ein Sohn das Merkmal von seinem Vater. Diese Feststellung ist richtig bei

A. autosomal-dominanter Vererbung
B. autosomal-recessiver Vererbung
C. X-chromosomal-dominanter Vererbung
D. X-chromosomal-recessiver Vererbung
E. Y-chromosomaler Vererbung

Es handelt sich um eine echte Prüfungsfrage.
Antwort D ist richtig.

Für X-chromosomal-recessive Vererbung ist typisch, daß fast nur erkrankte Männer vorkommen, da sie für die X-chromosomalen Gene hemizygot sind und nicht wie die Frauen durch das dominante homologe Gen auf dem 2. X-Chromosom eine Kompensationsmöglichkeit besitzen.

Für den X-chromosomal dominanten Erbgang trifft nur die Feststellung zu, daß das Gen nicht vom Vater auf den Sohn vererbt werden kann, denn bei diesem Vererbungsmodus sind Frauen sogar häufiger betroffen als Männer, da sie das entsprechende Gen sowohl von ihrem Vater als auch von ihrer Mutter erben können.

Ein Y-chromosomaler Erbgang ist nicht anzunehmen, da auf dem Y-Chromosom höchstwahrscheinlich nur Gene aktiv sind, die für die Geschlechtsdeterminierung notwendig sind.

Bei autosomaler Vererbung sind normalerweise keine Verschiebungen im Geschlechterverhältnis der Merkmalsträger feststellbar und Vater und Mutter vererben das Merkmal gleich häufig an ihre Kinder.

Frage 71: Welche Aussage trifft zu?
Die Wahrscheinlichkeit, daß ein Mann mit einem recessiv X-chromosomalen Erbleiden dieses auf seinen Sohn vererbt, beträgt

A. 0%
B. 25%
C. 35%
D. 50%
E. 75%

Es handelt sich um eine echte Prüfungsfrage.
Antwort A ist richtig.

Ein Mann kann weder ein X-chromosomal recessives noch ein X-chromosomal dominantes Erbleiden auf seine Söhne vererben, weil er ihnen nur ein Y Chromosom weitergibt (siehe auch Fragen 67, 70).

Frage 72: Aus einer Ehe eines rot-grün-blinden Mannes mit einer normalsichtigen Frau entstammt ein rot-grün-blinder Sohn.
Wie groß ist das Risiko für weitere Kinder, rot-grün-blind zu sein?

A. Töchter 100%, Söhne 50%
B. Töchter 50%, Söhne 100%
C. Töchter 50%, Söhne 50%
D. Töchter 25%, Söhne 50%
E. Töchter 0%, Söhne 25%

Es handelt sich um eine echte Prüfungsfrage.
Antwort C ist richtig.

Die Rot-Grün-Blindheit wird X-gebunden recessiv vererbt (siehe auch Frage 69). Die Tatsache, daß aus der Ehe ein rot-grün-blinder Sohn hervorgegangen ist, läßt den Schluß zu, daß die normalsichtige Frau Konduktorin für das Farbenblindheitsgen sein muß. Unter diesen Umständen ist das Risiko für Töchter, von der Mutter das X-Chromosom mit dem krankmachenden Gen zu erben 50%. Der Vater muß seiner Tochter das krankhafte X-Chromosom vererben, so daß das Erkrankungsrisiko 50% beträgt. Bei Söhnen ist es genauso hoch, da auch sie mit 50%iger Wahrscheinlichkeit das mutierte X-Chromosom von der Mutter erben, das dann im hemizygoten Zustand vorliegt und somit die Farbenblindheit auslösen kann (siehe auch Fragen 69, 73).

Frage 73: Für einen rot-grün-blinden Mann mit einem rot-grün-blinden Sohn trifft folgender Sachverhalt am wenigsten zu:

A. Der Schwiegervater des Mannes war auch farbenblind.
B. Der Mann kann eine farbenblinde Tochter haben.
C. Der Vater des Mannes ist auch farbenblind.
D. Überträgerin war seine Mutter.
E. Etwa die Hälfte seiner Söhne wird nicht farbenblind sein.

Es handelt sich um eine Prüfungsfrage, die aus einer Fragensammlung von Studenten stammt. Die Formulierung der Originalfrage kann daher etwas abweichen.
Antwort C ist richtig.

Rot-Grün-Blindheit wird X-chromosomal recessiv vererbt. Eine Vererbung vom Vater auf den Sohn ist daher nicht möglich. Falls der Schwiegervater farbenblind ist (A), wäre die Ehefrau des Probanden mit Sicherheit Konduktorin, da sie das krankmachende X-Chromosom ihres Vaters erben muß. Bei dieser Konstellation wäre bei 50% der Töchter (B) Farbenblindheit zu erwarten (Pseudodominanz; siehe auch Frage 50). Der rot-grün-blinde Sohn muß die Anlage von seiner Mutter ererbt haben (C), da er sie von seinem Vater nicht haben kann. Wenn die Mutter Konduktorin ist, werden 50% der Söhne farbenblind sein (E).

Frage 74: Die Hämophilie A ist bei Frauen selten,
weil
bluterkranke Männer zeugungsunfähig sind.

A. Aussagen 1 und 2 sind richtig, Verknüfung ist richtig.
B. Aussagen 1 und 2 sind richtig, Verknüpfung ist falsch.
C. Aussage 1 ist richtig, Aussage 2 falsch.
D. Aussage 1 ist falsch, Aussage 2 richtig.
E. Aussagen 1 und 2 sind falsch.

Es handelt sich um eine echte Prüfungsfrage.
Antwort C ist richtig.

Aussage 1 trifft zu, weil es sich bei Hämophilie A um ein X-chromosomal recessives Leiden handelt. Frauen erkranken selten, weil sie auf einem ihrer beiden X-Chromosomen ein gesundes Gen haben, das dominant über das kranke ist.

Aussage 2 ist falsch. Bluterkranke Männer haben zwar infolge der erhöhten Blutungsneigung eine verminderte Lebenserwartung, ihre Fortpflanzungsfähigkeit ist jedoch nicht wesentlich eingeschränkt (siehe auch Fragen 123, 124).

Frage 75: Bei X-chromosomal dominantem Erbgang einer seltenen Erbkrankheit

1. können in der Regel nur Frauen erkranken
2. haben Söhne und Töchter erkrankter heterozygoter Frauen ein Risiko von 50%, das mutierte Gen zu erben
3. kann das mutierte Gen niemals vom Vater auf die Söhne vererbt werden
4. erbt jede Tochter das mutierte Gen, wenn der Vater Genträger ist.

A. Nur 1 ist richtig.
B. Nur 2 ist richtig.
C. Nur 2 und 4 sind richtig.
D. Nur 2, 3 und 4 sind richtig.
E. 1–4 = alle sind richtig.

Es handelt sich um eine echte Prüfungsfrage.
Antwort D ist richtig.

Beim X-chromosomal dominanten Erbgang können durchaus auch Männer erkranken, wenn auch die Frauen häufiger betroffen sind, weil sie sowohl vom Vater als auch von der Mutter ein X-Chromosom mit krankmachendem Gen erben können.

Erkrankte Frauen geben an ihre Söhne und Töchter je ein X-Chromosom weiter, so daß das Risiko, das krankhafte Gen zu erben, für beide bei 50% liegt.

Der Vater kann eine X-gebundene Krankheit nicht an seine Söhne vererben, weil er ihnen nur ein Y-Chromosom weitergibt.

Die Töchter erhalten jedoch von ihren Vätern immer das eine X-Chromosom, so daß sie das mutierte Gen immer erben. Der Hinweis auf die Seltenheit der Erkrankung spielt für die Beantwortung keine Rolle.

Frage 76: Was trifft auf ein geschlechtsbegrenztes Merkmal zu?

A. Es wird X-chromosomal dominant vererbt.
B. Es wird X-chromosomal recessiv vererbt.
C. Es wird durch ein auf dem Y-Chromosom sitzendes Gen vererbt.
D. Es manifestiert sich mehr oder minder ausschließlich in einem Geschlecht.
E. Die Veranlagung wird nur auf gleichgeschlechtliche Nachkommen weitergegeben.

Es handelt sich um eine selbst erfundene Frage.
Antwort D ist richtig.

Unter Geschlechtsbegrenzung versteht man keinen speziellen Vererbungsmodus, sondern die Tatsache, daß die Merkmalsausprägung von Faktoren beeinflußt wird, die in einem Geschlecht besonders stark wirksam sind. Das bekannteste Beispiel ist die Glatzenbildung. Da ein glatzköpfiger Mann häufig Söhne hat, die an Haarausfall leiden, könnte man zunächst an ein auf dem Y-Chromosom lokalisiertes Gen denken, das dafür verantwortlich ist. Es konnte aber gezeigt werden, daß auch Frauen mit einer erhöhten Testosteronproduktion der Nebenniere zur Glatzenbildung neigen. Es ist daher anzunehmen, daß die Disposition zur Glatzenbildung etwa gleich häufig auf männliche und weibliche Nachkommen vererbt wird und die hohe Testosteronproduktion zur gehäuften Manifestation der Anlage beim männlichen Geschlecht führt.

Eine mehr oder minder deutliche Geschlechtsbegrenzung ist bei vielen polygen bedingten Krankheiten nachweisbar. Beispielsweise besteht für die Hüftdysplasie eine Gynäkotropie von etwa 5 : 1, während bei der Gicht eine Androtropie von 9 : 1 vorhanden ist.

Frage 77: Welche Aussage trifft zu?
Heterogenie bedeutet, daß

A. verschiedene Gene ein gleiches Krankheitsbild verursachen können

B. ein Gen zu mehreren verschiedenen Krankheitsbildern führen kann

C. mehrere Gene an der Ausprägung eines Merkmals zusammenwirken

D. Heterozygote Vorteile gegenüber beiden Homozygoten besitzen

E. neben genetischen Faktoren auch Umwelteinflüsse am Zustandekommen des Krankheitsbildes beteiligt sind.

Es handelt sich um eine echte Prüfungsfrage.
Antwort A ist richtig.

Als Beispiel für Heterogenie kann man die Taubstummheit anführen. Sie ist im allgemeinen recessiv erblich; wenn Taubstumme miteinander Kinder bekommen, müßte man daher erwarten, daß alle Kinder wieder taubstumm sind. Da aus vielen solcher Ehen jedoch nur normale Kinder hervorgingen, ist anzunehmen, daß es mehrere Gene gibt, die Taubstummheit verursachen können (siehe auch Frage 114).

Die unter B gegebene Definition bezieht sich auf den Begriff Polyphänie. Beispielsweise führt bei der Sichelzellenanämie der Defekt am Hämoglobingen nicht nur zur typischen Veränderung an den Erythrozyten, sondern es kommt auch zu Infarkten in verschiedenen Organen, wodurch u. a. Nierenstörungen und Femurkopfnekrosen auftreten können.

Unter C ist die Beschreibung des Begriffs „Polygenie" angegeben. So wird beispielsweise das Merkmal Hautfarbe durch mehrere additiv wirkende Gene bestimmt.

Für D gibt es keinen speziellen Fachausdruck, als Beispiel könnte man wiederum die Sichelzellenanämie anführen. Heterozygote Träger dieser Mutation haben einen gewissen Schutz gegen Malaria (siehe auch Frage 106).

Unter E wird der multifaktorielle Erbgang beschrieben.

Frage 78: Welche Aussage trifft zu?
Gegen multifaktorielle Vererbung spricht:

A. Beteiligung exogener Faktoren am Zustandekommen des Merkmals.
B. Unterschiedliche Belastungsziffern von männlichen und weiblichen Probanden.
C. Quantitative Abstufung des Merkmals.
D. Unterschiedlich häufiges Betroffensein beider Geschlechter.
E. Regelmäßiges Betroffensein eines Elternteiles.

Es handelt sich um eine echte Prüfungsfrage.
Antwort E ist richtig.

Die Fragestellung ist etwas verwirrend, weil es sich um eine Einfachauswahl handelt, bei der die richtige Antwort anzukreuzen ist, gleichzeitig aber nach der falschen Antwort gefragt wird. Die für multifaktorielle Vererbung als typisch aufgeführten Merkmale entsprechen in etwas veränderter Formulierung weitgehend denen, die in Frage 81 angegeben sind, so daß sich eine erneute Erläuterung erübrigt.

Abschnitt 5: Multifaktorielle (polygene) Vererbung

Frage 79: Für eine genetische Erkrankung mit multifaktoriellem Erbgang gilt (Vater 45, Mutter 30):

1. Das Risiko ist unabhängig von etwaig gesunden Geschwistern.
2. Das Risiko ist unabhängig von etwaig erkrankten Geschwistern.
3. Das Risiko ist erhöht, wenn ein Elternteil erkrankt ist.
4. Das Risiko ist erhöht, wenn schon mehrere kranke Kinder vorhanden sind.

A. Nur 1 ist richtig.
B. Nur 3 und 4 sind richtig.
C. Nur 2 und 3 sind richtig.
D. Alle Aussagen sind richtig.
E. Alle Aussagen sind falsch.

Es handelt sich um eine Prüfungsfrage, die in einer von Studenten erstellten Fragesammlung aufgeführt ist. Die Formulierung kann daher etwas anders lauten.
Antwort B ist richtig.

Von multifaktoriellem Erbgang wird gesprochen, wenn sowohl mehrere Gene als auch Umweltfaktoren auf die Ausprägung des Merkmals Einfluß nehmen. Da die Wirkung der einzelnen Faktoren nicht klar voneinander abgegrenzt werden kann, entsteht ein sehr variables phänotypisches Bild, dessen Ausprägung in der Bevölkerung einer Normalverteilung folgt. Die Wirksamkeit der Mendelschen Regeln ist nicht mehr nachweisbar, obwohl für jedes einzelne der beteiligten Gene zweifellos die Vererbungsgesetze Gültigkeit haben. Für eine Abschätzung des Wiederholungsrisikos ist man daher auf empirische Daten angewiesen, die sich aus der Untersuchung zahlreicher Familien ergeben.

Grundsätzlich kann man davon ausgehen, daß das Risiko steigt, wenn mehrere Familienmitglieder bereits betroffen sind, da hierdurch angezeigt wird, daß in dieser Familie eine Ansammlung der entsprechenden Gene vorhanden ist. Deshalb sind die Aussagen 3 und 4 zutreffend. Das Risiko erreicht aber im allgemeinen nicht die bei den Mendelschen Erbgängen zu erwartenden Werte.

Der Sinn der Altersangabe für Vater und Mutter ist unklar, da sie für die Abschätzung des Risikos keine Rolle spielt.

Frage 80: Aus welchen der folgenden Punkte ist am besten der Umfang modifikatorischer Einflüsse auf Erbmerkmale ersichtlich?

A. Eineiige Zwillinge/verschiedene Umwelt.
B. Eineiige Zwillinge/gleiche Umwelt.
C. Zweieiige Zwillinge/verschiedene Umwelt.
D. Zweieiige Zwillinge/gleiche Umwelt.
E. Pärchenzwillinge/verschiedene Umwelt.

Es handelt sich um eine Prüfungsfrage, die aus einer Fragensammlung von Studenten stammt. Die Formulierung der Originalfrage kann daher etwas abweichen.
Antwort A ist richtig.

Bei eineiigen Zwillingen besteht auf Grund ihrer Entstehung aus einer Zygote eine völlige Übereinstimmung in der genetischen Ausstattung. Wenn solche Zwillinge in einer unterschiedlichen Umwelt aufwachsen und trotzdem die Konkordanz für ein bestimmtes Merkmal sehr hoch ist, kann man davon ausgehen, daß Erbfaktoren für die Ausprägung von ausschlaggebender Bedeutung sind. Wenn eine hohe Diskordanzrate beobachtet wird, muß mit einem Überwiegen der Umweltfaktoren gerechnet werden. Mit Hilfe solcher Zwillingsuntersuchungen kann man vor allem bei multifaktoriell bedingten Merkmalen den Einfluß genetischer Faktoren bzw. von Umweltfaktoren abschätzen. Beispielsweise ergab sich für die Körpergröße eine Konkordanz von etwa 90%, so daß man davon ausgehen kann, daß es sich hier um ein sehr umweltstabiles Merkmal handelt.

Frage 81: Welche Aussage trifft *nicht* zu?
Bei multifaktoriell bedingten Leiden

A. können die Geschlechter unterschiedlich betroffen sein
B. sind Merkmalsträger in der Regel häufiger als bei monogenen Leiden
C. verhalten sich zweieiige Zwillinge ungefähr gleich konkordant wie eineiige
D. ist es häufig, daß Umweltfaktoren die Manifestation wesentlich beeinflussen
E. findet sich oft keine scharfe Schwelle zwischen gesund und krank.

Es handelt sich um eine echte Prüfungsfrage.
Antwort C ist richtig.

Da auch bei multifaktoriell bedingten Leiden ein überwiegender Einfluß der genetischen Konstellation anzunehmen ist, verhalten sich eineiige Zwillinge deutlich konkordanter als zweieiige.

Eine unterschiedliche Merkmalsausprägung bei den Geschlechtern kommt bei multifaktoriellen Leiden häufig vor, da die Symptomatik auch von geschlechtsspezifischen Genen beeinflußt wird (Beispiel: Hüftluxation ist bei Frauen 5mal häufiger als bei Männern).

Multifaktoriell bedingte Leiden sind in der Bevölkerung recht oft anzutreffen, weil die dafür verantwortlichen Gene so häufig sind, daß ein Zusammentreffen von Genträgern in einer Ehe oft vorkommt (Beispiel: Hypertonie hat eine Häufigkeit von 1 : 4).

Der Einfluß von Umweltfaktoren geht bereits aus der Bezeichnung „multifaktoriell" hervor. Wenn Umwelteinflüsse ausgeschlossen werden können, spricht man von polygenen Merkmalen.

Bei multifaktoriell bedingten Leiden ist typisch, daß keine klare Abgrenzung zwischen erkrankten und nichterkrankten Personen möglich ist, da das Merkmal in der Gesamtbevölkerung eine sehr variable Ausprägung hat (Beispiel: Hypertonie; die Festlegung, ab wann man von einem erhöhten Blutdruck spricht, ist relativ willkürlich).

Frage 82: Bei multifaktoriellen Merkmalen gibt es oft einen kontinuierlichen Übergang vom Normalen zum Pathologischen, *weil*
bei multifaktorieller Vererbung mit Schwellenwerteffekt die Anomalie erst beim Überschreiten des Schwellenwertes manifest wird.

A. Aussagen 1 und 2 sind richtig, Verknüpfung ist richtig.
B. Aussagen 1 und 2 sind richtig, Verknüpfung ist falsch.
C. Aussage 1 ist richtig, Aussage 2 ist falsch.
D. Aussage 1 ist falsch, Aussage 2 ist richtig.
E. Aussagen 1 und 2 sind falsch.

Es handelt sich um eine echte Prüfungsfrage.
Antwort B ist richtig.

Aussage 1 ist richtig, weil die Ausprägung multifaktorieller Merkmale in der Allgemeinbevölkerung häufig eine starke Variabilität aufweist, so daß keine klare Grenze zwischen normal und pathologisch gezogen werden kann.

Aussage 2 ist richtig, weil bei einigen multifaktoriell vererbten Merkmalen trotz einer Normalverteilung in der Bevölkerung kein kontinuierlicher Übergang zwischen dem normalen und dem pathologischen Zustand zu beobachten ist, sondern klar abgrenzbare Gruppen von Merkmalsträgern und Nicht-Merkmalsträgern. Dieses Phänomen wird dadurch erklärt, daß bei diesen Merkmalen in einer Person mehrere Gene zusammentreffen müssen, bevor die Schwelle zwischen Normalzustand und phänotypisch auffälliger Störung überschritten wird.

Die Verknüpfung beider Aussagen ist falsch, da zwei einander entgegengesetzte Prinzipien der multifaktoriellen Vererbung beschrieben werden.

Frage 83: Welche der folgenden Aussagen treffen für den Diabetes mellitus zu?

1. Genetische Faktoren spielen bei der Entstehung der Krankheit eine Rolle.
2. Die Wahrscheinlichkeit, an Diabetes mellitus zu erkranken, steigt, wenn nahe Verwandte Diabetiker sind.

3. Bei Vorliegen eines Diabetes mellitus bei einem Elternteil beträgt das Erkrankungsrisiko für ein Kind ca. 10%.
4. Kinder aus Ehen zwischen Diabetikern erkranken stets auch an Diabetes mellitus.

A. Nur 1 und 2 sind richtig.
B. Nur 3 und 4 sind richtig.
C. Nur 1, 2 und 3 sind richtig.
D. Nur 2, 3 und 4 sind richtig.
E. 1–4 = alle sind richtig.

Es handelt sich um eine echte Prüfungsfrage.
Antwort C ist richtig.

Beim Diabetes mellitus handelt es sich um eine typische multifaktoriell bedingte Krankheit. Genetische Faktoren bewirken die Entstehung einer Disposition, ausgelöst wird die Krankheit jedoch im allgemeinen durch eine übermäßige Ernährung vor allem mit kohlehydratreicher Nahrung. Damit wird die geringe Diabeteshäufigkeit in Hungergebieten erklärt. Derzeit liegt die Frequenz in Mitteleuropa bei etwa 2%, wobei Personen unter dem 20. Lebensjahr mit 0,2%, Personen über dem 70. Lebensjahr mit 5% beteiligt sind. Man unterscheidet den Jugenddiabetes, bei dem echter Insulinmangel vorliegt, und den Altersdiabetes, der meist durch ein vermindertes Ansprechen der Erfolgsorgane auf Insulin hervorgerufen wird.

Das Risiko an Diabetes zu erkranken steigt um so stärker, je mehr Verwandte betroffen sind, da unter diesen Umständen anzunehmen ist, daß in dieser Familie eine Häufung prädisponierter Gene vorliegt.

Wenn ein Verwandter ersten Grades (ein Elternteil oder ein Geschwister) erkrankt ist, muß das Gesamterkrankungsrisiko mit 10–20% angegeben werden, wobei die Wahrscheinlichkeit für eine Manifestation vor dem 20. Lebensjahr bei 5–10% liegt.

Aus einer Ehe zwischen Diabetikern gehen durchschnittlich 20% erkrankte Kinder hervor. Eine Erkrankung aller Kinder wäre nur bei einem recessiven Erbgang zu erwarten, der für den Diabetes keinesfalls angenommen werden kann.

Frage 84: Welche der folgenden Aussagen trifft *nicht* zu?

A. Zwillingsgeburten sind bei 40jährigen Müttern häufiger als bei 20jährigen Müttern.
B. Eineiige Zwillinge sind häufiger als zweieiige Zwillinge.
C. Pärchenzwillinge sind zweieiig.
D. Eineiige Zwillinge haben gleiche Blutgruppen.
E. Zwillingsgeburten können familiär gehäuft auftreten.

Es handelt sich um eine echte Prüfungsfrage.
Antwort B ist richtig.

Die Frage ist nicht ganz eindeutig formuliert, da die Häufigkeit von Zwillingen in verschiedenen Regionen der Welt sehr unterschiedlich ist. Diese Schwankungen beruhen fast ausschließlich auf Unterschieden in der Anzahl zweieiiger Zwillinge. Für Mitteleuropa mit etwa $1/3$ EZ und $2/3$ ZZ ist daher Antwort B eindeutig falsch. In Japan überwiegen jedoch die eineiigen Zwillinge, so daß in diesem Fall Antwort B richtig wäre.

Die Zahl der Zwillingsgeburten nimmt mit dem mütterlichen Alter stark zu. Während 20jährige Mütter mit etwa 2%iger Wahrscheinlichkeit Zwillinge bekommen, liegt der Erwartungswert bei 40jährigen etwa 6mal höher. Dafür sind auch nur die ZZ verantwortlich. Pärchenzwillinge müssen immer zweieiig sein, weil das Geschlecht ja genetisch festgelegt wird und eineiige Zwillinge daher immer gleichgeschlechtlich sein müssen. Aus dem gleichen Grund müssen EZ auch in allen Blutgruppen, die ja monogen vererbt werden, übereinstimmen.

Die familiäre Häufung von Zwillingsgeburten gilt nur für zweieiige Zwillinge. Bei Müttern die bereits ZZ geboren haben, ist die Wahrscheinlichkeit für weitere Zwillingsgeburten verdoppelt.

Frage 85: Schizophrenie beruht

A. ausschließlich auf Erbfaktoren
B. ausschließlich auf Umweltfaktoren
C. auf einem Zusammenwirken von Anlage- und Umweltfaktoren
D. auf einem Enzymdefekt
E. keine Aussage ist richtig.

Es handelt sich um eine Prüfungsfrage, die aus einer Fragensammlung von Studenten stammt. Die Originalfrage kann daher etwas abweichen.
Antwort C ist richtig.

Der Einfluß von Erbfaktoren läßt sich von Zwillingsbefunden ableiten: Eineiige Zwillinge sind viermal so häufig konkordant erkrankt wie zweieiige. Getrennt aufgewachsene Zwillinge erkranken ungefähr gleich häufig konkordant wie zusammen aufgewachsene.

Da eineiige Zwillinge trotz identischen Erbgutes nur zu etwa 70% konkordant an Schizophrenie erkranken, müssen zusätzliche Umweltfaktoren für die Auslösung der Erkrankung angenommen werden.

Abschnitt 6: Zwillinge in der humangenetischen Forschung

Frage 86: Welche Aussage trifft *nicht* zu?
Eineiigkeit von Zwillingen

A. kann durch Ähnlichkeitsvergleich zahlreicher morphologischer Merkmale festgestellt werden
B. kann in einem Teil der Fälle aus dem Eihautbefund diagnostiziert werden
C. kann durch erfolgreiche Hauttransplantationen bewiesen werden
D. ist durch eine Chromosomenanalyse beweisbar
E. kann durch Untersuchung zahlreicher Blutgruppensysteme praktisch erwiesen werden.

Es handelt sich um eine echte Prüfungsfrage.
Antwort D ist richtig.

Mit Hilfe einer Chromosomenanalyse kann die Eineiigkeit von Zwillingen nicht bewiesen werden, da der Chromosomensatz aller Menschen gleichen Geschlechts weitgehend ähnlich ist.

Die Feststellung der Eineiigkeit an Hand von morphologischen Merkmalen erfolgt durch den sogenannten polysymptomatischen Ähnlichkeitsvergleich. Dabei werden zahlreiche phänotypisch faßbare Merkmale verglichen und die Konkordanz bzw. Diskordanz festgestellt. Wichtige Merkmale sind dabei unter anderem die Irisstruktur, die Hautleisten sowie Nasen-, Mund- und Ohrform.

In den Fällen, in denen bei Zwillingsgeburten nur ein Amnion und Chorion gefunden wird, kann man sicher sein, daß es sich um eineiige Zwillinge handelt. Das heißt aber nicht, daß alle eineiigen Zwillinge immer nur ein Amnion bzw. Chorion besitzen, da die Teilung des Keims bereits im Zweizellstadium erfolgen kann und dann jeder Embryo ein eigenes Amnion und Chorion entwickelt.

Eine erfolgreiche Hauttransplantation ist nur bei eineiigen Zwillingen möglich, weil bei ihnen die genetisch determinierten Transplantationsgene übereinstimmen.

Auch die Übereinstimmung in zahlreichen Blutgruppensystemen spricht für die Eineiigkeit von Zwillingen. Wenn in einem dieser monogen vererbten Systeme eine Diskordanz auftritt, kann man mit großer Wahrscheinlichkeit eine Eineiigkeit ausschließen.

Frage 87: Zweieiigkeit von Zwillingen ist praktisch bewiesen, wenn

1. die Partner in einem Blutgruppenmerkmal des AB0-Systems abweichen
2. das Geburtsgewicht um mehr als 1 000 g differiert
3. die Augenfarbe unterschiedlich ist
4. das Geschlecht des Partners unterschiedlich ist
5. verschiedene Phänotypen der sauren Erythrozytenphosphatase vorliegen.

A. Nur 1, 2 und 4 sind richtig.
B. Nur 1, 3 und 4 sind richtig.
C. Nur 2, 3 und 4 sind richtig.
D. Nur 1, 3, 4 und 5 sind richtig.
E. 1−5 = alle sind richtig.

Es handelt sich um eine Prüfungsfrage, die aus einer Fragensammlung von Studenten stammt. Die Formulierung kann daher durchaus etwas abweichend sein.
Antwort D ist richtig.

Dem AB0-System liegt ein Gen mit mehreren Allelen zu Grunde. Da eineiige Zwillinge in allen genetisch bedingten Merkmalen übereinstimmen müssen, ist eine Diskordanz (Nichtübereinstimmung) in einem monogenen Merkmal bereits ein starker Hinweis auf Zweieiigkeit.

Das gleiche gilt auch für die unter 5 aufgeführte Erythrozytenphosphatase, die auch monogen vererbt wird und von der drei Allele bekannt sind, die kodominant vererbt werden.

Der unter 4 angegebene Unterschied im Geschlecht ist ebenfalls ein klarer Hinweis auf Zweieiigkeit, da das Geschlecht ja bereits in der Zygote festgelegt wird.

Die Augenfarbe (3) wird zwar nicht monogen vererbt, an ihrer genetischen Grundlage besteht jedoch kein Zweifel, so daß deutliche Unterschiede in diesem Merkmal ebenfalls gegen Eineiigkeit sprechen.

Lediglich eine stärkere Abweichung im Geburtsgewicht (2) ist für die Eiigkeitsdiagnose ohne Aussagekraft, weil sowohl eineiige als auch zweieiige Zwillinge sich darin häufig stark unterscheiden, da sie in utero oft unterschiedlich gut ernährt werden.

Frage 88: Welche Aussage trifft zu?
Wenn in einer Bevölkerung von 10 000 Zwillingsgeburten 3 500 verschiedengeschlechtig sind, dann kann der Anteil eineiiger Zwillingspaare geschätzt werden auf

A. 25%

B. 30%

C. 40%

D. 65%

E. ohne Blutgruppenanalyse ist keine sinnvolle Schätzung möglich.

Es handelt sich um eine echte Prüfungsfrage.
Antwort B ist richtig.

Bei zweieiigen Zwillingen (ZZ) ist eine Hälfte gleichgeschlechtlich und die andere verschieden geschlechtlich. Eineiige Zwillinge (EZ) müssen dagegen immer im Geschlecht übereinstimmen. Wenn daher die Anzahl der verschieden geschlechtlichen Zwillinge bekannt ist, kann man die Zahl der ZZ dadurch ermitteln, daß man diese Zahl verdoppelt. Die zur Zwillingsgesamtzahl verbleibende Differenz ergibt dann die Anzahl der EZ.

Während die Anzahl der EZ auf der ganzen Welt etwa 0,4% aller Geburten beträgt, schwankt die Zahl der ZZ stark in Abhängigkeit von der Rassenzugehörigkeit. In Japan gibt es beispielsweise sehr wenige ZZ, so daß die eineiigen Zwillinge ca.

90% aller Zwillingsgeburten ausmachen. Die Zahl der ZZ steigt auch stark mit zunehmendem Alter der Mutter. In Mitteleuropa liegt die Gesamtzahl von Zwillingsgeburten bei 1,2%, das entspricht einer Zwillingsgeburt auf 85 Geburten. Die Häufigkeit von höheren Mehrlingsgeburten errechnet sich nach der Hellinschen Regel: Drillinge 1 : 85^2, Vierlinge 1 : 85^3.

Frage 89: Die Zwillingsmethode ist eine nützliche Methode in der Humangenetik
weil

1. man durch Vergleich ein- und zweieiiger Zwillinge einen genetischen Anteil an der Variabilität eines Merkmals abschätzen kann
2. man die Einflüsse der Umwelt auf die Variabilität eines Merkmals durch Vergleich getrennt und gemeinsam aufgewachsener eineiiger Zwillinge feststellen kann
3. der Einfluß von Umweltfaktoren durch die Analyse von Merkmalsunterschieden bei diskordanten eineiigen Zwillingen abgeschätzt werden kann.

A. Nur 1 ist richtig.
B. Nur 1 und 2 sind richtig.
C. Nur 1 und 3 sind richtig.
D. Nur 2 und 3 sind richtig.
E. 1−3 = alle sind richtig.

Es handelt sich um eine echte Prüfungsfrage.
Antwort E ist richtig.

Für die Abschätzung, inwieweit vor allem multifaktoriell bedingte Merkmale durch genetische Faktoren bestimmt sind, stellt ein Vergleich der Merkmalsausprägung bei ein- und zweieiigen Zwillingen eine große Hilfe dar. Wenn die Konkordanz bei EZ hoch, bei ZZ jedoch niedrig ist, so spricht das für eine starke genetische Komponente.

Beispielsweise tritt die Hüftluxation bei EZ zu 40% konkordant auf, während ZZ nur zu 3% konkordant betroffen sind. Wenn die Konkordanz bei EZ und ZZ etwa gleich hoch ist, kann man davon ausgehen, daß das Merkmal weitgehend umweltabhängig ist. Als Beispiel kann hier ein Jodmangelstruma angeführt werden. Die Konkordanz hierfür liegt bei EZ und ZZ etwa bei 70%.

Noch klarere Aufschlüsse über Umwelteinflüsse erlaubt der Vergleich getrennt und gemeinsam aufgewachsener eineiiger Zwillinge, da bei ihnen die genetische Ausstattung mit Sicherheit gleich ist. Durch solche Vergleiche konnte festgestellt werden, daß der Intelligenzquotient von der Umwelt ziemlich unabhängig ist, da zusammen aufgewachsene EZ zu etwa 90% konkordant waren und getrennt aufgewachsene immer noch zu 80%. Der Schulerfolg war jedoch sehr viel stärker von den äußeren Gegebenheiten abhängig. Zusammen aufgewachsene EZ waren zu 95% konkordant, getrennt aufgewachsene nur zu 60%.

Merkmale, für die eineiige Zwillinge häufig diskordant sind, müssen durch exogene Faktoren verursacht sein. Beispielsweise treten Lippen-Kiefer-Gaumenspalten und Herzfehler relativ oft nur bei einem EZ auf. Auch im Gewicht und in der Größe bei der Geburt bestehen oft große Unterschiede. Man nimmt an, daß diese Diskordanzen durch die engen Raumverhältnisse in utero und durch eine unterschiedliche Blutversorgung entstehen. Wie zu erwarten, finden sich diese Unterschiede auch bei zweieiigen Zwillingen in etwa dem gleichen Prozentsatz.

Frage 90: Eineiigkeit von Zwillingspaaren kann praktisch ausgeschlossen werden, wenn

1. die Zwillinge verschiedengeschlechtlich sind
2. die Größendifferenz mehr als 10 cm beträgt
3. ein Blutgruppenmerkmal unterschiedlich ist
4. eine dichorische Plazentation vorliegt.

A. Nur 1 und 2 sind richtig.
B. Nur 1 und 3 sind richtig.
C. Nur 3 und 4 sind richtig.
D. Nur 1, 2 und 3 sind richtig.
E. 1–4 = alle sind richtig.

Es handelt sich um eine echte Prüfungsfrage.
Antwort B ist richtig.

Eine Verschiedengeschlechtlichkeit eineiiger Zwillinge ist nicht möglich, weil das Geschlecht bereits in der Zygote festgelegt ist und jede daraus hervorgehende Zelle immer das gleiche Geschlecht haben muß. In extremen Ausnahmefällen könnte allerdings in den ersten mitotischen Teilungen eine Fehlverteilung der Geschlechtschromosomen auftreten. Dadurch wären Störungen der Geschlechtsentwicklung möglich, aber keine Verschiedengeschlechtlichkeit.

Eine Größendifferenz von 10 cm ist auch bei eineiigen Zwillingen möglich, da infolge unterschiedlicher Blutversorgung in utero ein Zwilling sich sehr viel besser bzw. schlechter entwickeln kann als der andere.

Wenn Zwillinge in einem Blutgruppenmerkmal nicht übereinstimmen, ist im allgemeinen eine Eineiigkeit auszuschließen, da eine solche Diskordanz voraussetzt, daß die Zwillinge für dieses Merkmal zwei verschiedene Allele besitzen.

Eine dichorische Plazentation kann sich bei eineiigen Zwillingen finden, wenn die Trennung der beiden Embryonalanlagen in einer der ersten Teilungen nach der Zygotenbildung stattgefunden hat (siehe auch Frage 86).

Frage 91: Die reziproke Hauttransplantation ermöglicht die Unterscheidung von eineiigen und zweieiigen Zwillingen,
weil
bei der reziproken Hauttransplantation indirekt eine große Zahl von Genloci auf ihre Übereinstimmung bei den Zwillingspartnern geprüft werden.

A. Aussagen 1 und 2 sind richtig, Verknüpfung ist richtig.
B. Aussagen 1 und 2 sind richtig, Verknüpfung ist falsch.
C. Aussage 1 ist richtig, Aussage 2 ist falsch.
D. Aussage 1 ist falsch, Aussage 2 ist richtig.
E. Aussagen 1 und 2 sind falsch.

Es handelt sich um eine echte Prüfungsfrage.
Antwort A ist richtig.

Bei eineiigen Zwillingen wachsen gegenseitige Hauttransplantate im allgemeinen an und werden auch nach längerer Zeit nicht abgestoßen, weil die Gene, die für die zellständige Immunabwehr zuständig sind, voll übereinstimmen. Bei zweieiigen Zwillingen stimmt nur die Hälfte dieser Gene überein. Da für die Transplantatabstoßung mindestens 4 verschiedene Gene mit zahlreichen Allelen zuständig sind, ist die Wahrscheinlichkeit, daß zweieiige Zwillinge in allen Transplantationsantigenen übereinstimmen, sehr gering. Eine Abstoßungsreaktion ist daher ein ziemlich sicheres Zeichen für Zweieiigkeit. Das wichtigste genetische System, daß für die Transplantatverträglichkeit verantwortlich ist, stellt das HLA-System dar (näheres siehe Frage 151).

Abschnitt 7: Mutationen beim Menschen

Frage 92: Welche Aussage trifft *nicht* zu?
Der Träger einer in der Keimzelle eines seiner Eltern entstandenen Neumutation (dominant)

A. ist selbst Träger des dominanten Merkmals
B. gibt das mutierte Gen an durchschnittlich die Hälfte seiner Kinder weiter
C. trägt die Mutation im heterozygoten Zustand in allen seinen Körperzellen
D. hat häufig Geschwister, die das Merkmal ebenfalls aufweisen
E. hat Eltern, die von dem Merkmal frei sind.

Es handelt sich um eine echte Prüfungsfrage.
Antwort D ist richtig.

Wenn eine dominante Neumutation in einer Keimzelle eines Elternteiles entstanden ist, so betrifft diese genetische Veränderung nur das Individuum, das aus der Verschmelzung dieser Keimzelle mit der des anderen Elternteils entstanden ist. Seine Geschwister haben daher kein erhöhtes Risiko Merkmalsträger zu sein. Falls sich die betroffene Person fortpflanzt, gibt sie das mutierte Gen an 50% ihrer Nachkommen weiter, weil nicht nur in allen somatischen Zellen, sondern auch in allen Keimzellen das veränderte Gen in heterozygoter Form vorkommt. Da sich dieses Gen gegenüber dem zugehörigen Allel dominant verhält, werden 50% der Nachkommen wieder Merkmalsträger sein.

Frage 93: Mit dem Lebensalter des Vaters nimmt die Auftretenswahrscheinlichkeit zu bei

A. Apert-Syndrom
B. Muskeldystrophie Typ Duchenne
C. Spina bifida
D. Trisomie 21 (Mongolismus)
E. Turner-Syndrom

Es handelt sich um eine Prüfungsfrage, die aus einer Fragensammlung von Studenten stammt. Die Formulierung der Originalfrage kann daher etwas abweichen.
Antwort A ist richtig.

Beim Apert-Syndrom handelt es sich um eine genetisch bedingte kraniofaziale Dysostose infolge vorzeitiger Verknöcherung der Schädelnähte, kombiniert mit Syndaktylien, seltener Polydaktylien. Die Erkrankungshäufigkeit liegt bei etwa 1 : 100 000. Es handelt sich überwiegend um sporadische Fälle auf der Basis von dominanten Punktmutationen. Die Mutationshäufigkeit steigt vom 20. bis 40. Lebensjahr des Vaters auf ca. das 10fache. Wenn ein Erkrankter sich fortpflanzt, besteht für seine Nachkommen ein Risiko von 50% auch zu erkranken. Da die Expressivität stark schwankt, ist die Erkrankung familiärer Fälle manchmal schwierig.

Auch bei der Achondroplasie, dem Marfan-Syndrom und der Myositis ossificans ist eine Erhöhung der Mutationsrate mit dem väterlichen Alter beobachtet worden. Dagegen spielt das Lebensalter der Mutter zwar bei der Entstehung von Trisomien, nicht aber bei Punktmutationen eine Rolle.

Abschnitt 8: Populationsgenetik

Frage 94: Was versteht man in der Genetik unter einer Population?

A. Eine Gruppe sich untereinander fortpflanzender Individuen in einem bestimmten geographischen Raum.
B. Alle Bürger eines Staatswesens.
C. Alle in einer bestimmten Region vorkommenden Lebewesen.
D. Die Gesamtheit aller Lebewesen, die zu einer Species gehören.
E. Alle Angehörigen eines Volkes, soweit sie eine gemeinsame Sprache, Kultur und Geschichte haben.

Es handelt sich um eine echte Prüfungsfrage.
Antwort A ist richtig.

Der Begriff „Population" wird in der Biologie durchaus heterogen definiert. Für die Genetik gilt obige Definition, meist noch mit dem Zusatz „mit gemeinsamen Genpool". Beim ökologischen Populationsbegriff spielt die Fortpflanzungsgemeinschaft keine Rolle, sondern nur die Artzugehörigkeit innerhalb einer Biozönose (Lebensgemeinschaft).

Eine Population einer Species kann sich zu einer mehr oder minder eigenständigen Rasse entwickeln, wenn durch natürliche aber auch durch kulturelle Barrieren eine Vermischung mit anderen Populationen verhindert wird. Auf Grund unterschiedlicher genetischer Ausstattung und der Wirkung verschiedener Selektionsmechanismen können dann erfaßbare Unterschiede auftreten, die eine systematische Abtrennung von den übrigen Vertretern der Species erlauben.

Frage 95: Ein recessives Erbleiden habe die Häufigkeit 1 : 10 000; die Genverteilung in der Bevölkerung unterliegt dem Hardy-Weinberg-Gesetz.
Wie groß ist etwa die Häufigkeit der Heterozygoten?

A. 1 : 25
B. 1 : 50
C. 1 : 100
D. 1 : 500
E. 1 : 1000

Es handelt sich um eine echte Prüfungsfrage.
Antwort B ist richtig.

Die Frage ähnelt stark Frage 97, aber es ist hier nicht nach der Genhäufigkeit sondern nach der Heterozygotenfrequenz gefragt. Da die Genhäufigkeit 1 : 100 ist, muß dieser Wert noch mit 2 multipliziert werden, sodaß sich 1 : 50 ergibt. Einzelheiten siehe Frage 97.

Frage 96: Nachkommen aus Ehen zwischen Angehörigen verschiedener Rassen sind gesundheitlich stark gefährdet,
weil
bei Nachkommen aus Ehen zwischen Angehörigen verschiedener Rassen an mehr Genorten, als bei Ehen innerhalb einer Rassengemeinschaft verschiedene Allele zusammentreffen (erhöhte Heterozygotie).

A. Aussagen 1 und 2 sind richtig, Verknüpfung ist richtig.
B. Aussagen 1 und 2 sind richtig, Verknüpfung ist falsch.
C. Aussage 1 ist richtig, Aussage 2 ist falsch.
D. Aussage 1 ist falsch, Aussage 2 ist richtig.
E. Aussagen 1 und 2 sind falsch.

Es handelt sich um eine echte Prüfungsfrage.
Antwort D ist richtig.

Bei Rassenkreuzungen tritt eine erhöhte Heterozygotie auf, weil der Genpool beider Populationen sich mehr oder minder stark unterscheidet und daher die Wahrscheinlichkeit, daß an einem Genort zwei verschiedene Allele zusammentreffen, steigt. Diese

Vermehrung der Heterozygoten stellt jedoch kein gesundheitliches Risiko dar, sondern vermindert im Gegenteil sogar die Gefahr, daß recessive Erbleiden manifest werden, da hierfür die Homozygotie von Genen Voraussetzung ist. Außerdem vergrößert sich die Anzahl möglicher Genkombinationen, so daß die genetische Basis, auf der die Selektion wirksam werden kann, vergrößert wird. Rassenmischung kann daher einen evolutiven Vorteil darstellen.

Frage 97: Die Häufigkeit eines autosomal-recessiven Erbleidens in der Bevölkerung ist 1 : 10 000. Wie groß ist die Genhäufigkeit?

A. 1 : 50
B. 1 : 100
C. 1 : 200
D. 1 : 500
E. 1 : 1 000

Es handelt sich um eine echte Prüfungsfrage.
Antwort B ist richtig.

Die Berechnung der Genhäufigkeit auf Grund der Erkrankungsfrequenz erfolgt mit Hilfe des Hardy-Weinberg-Gesetzes. Es besagt, daß die relativen Häufigkeiten der Genotypen konstant bleiben, wenn weder Auslese noch Inzucht wirksam sind. Dieses Gesetz läßt sich auch in folgende Formel fassen: $a^2+2ab+b^2 = 1$, wobei a^2 und b^2 die beiden Häufigkeiten der homozygoten Genotypen sind, während 2ab die Zahl der Heterozygoten repräsentiert. Wenn wir unter a^2 die homozygot Kranken verstehen, so gibt a die Genhäufigkeit an. Wir müssen daher die Wurzel aus 1 : 10 000 ziehen und erhalten so einen Wert von 1 : 100.

Wäre nach der Zahl der Heterozygoten gefragt worden, so müßte dieser Wert noch mit 2 multipliziert werden. Die Multiplikation mit b kann entfallen, weil b sich 1 nähert und daher das Ergebnis nicht wesentlich beeinflußt.

Frage 98: Die Häufigkeit der Phenylketonurie bei Neugeborenen in der BRD ist ungefähr 1 : 10 000. Wie hoch ist die Frequenz des Phenylketonuriegens in der Bevölkerung?

A. 0,0001
B. 0,001
C. 0,01
D. 0,1
E. 0,5

Es handelt sich um eine echte Prüfungsfrage.
Antwort C ist richtig (siehe vorangegangene Frage).

Frage 99: In einer panmiktischen Population, in der durchschnittlich jede fünfzigste Person heterozygoter Träger des Gens für ein bestimmtes recessiv-autosomal erbliches Merkmal ist, haben Kranke eine Häufigkeit von

A. 1 : 100
B. 1 : 2 500
C. 1 : 5 000
D. 1 : 10 000
E. 1 : 20 000

Es handelt sich um eine echte Prüfungsfrage.
Antwort D ist richtig.

Die Frage stellt eine Umkehrung der Frage 97 dar. Es ist diesmal die Zahl der Heterozygoten angegeben und daraus soll die Häufigkeit von homozygot kranken Genträgern errechnet werden.

Die Berechnung erfolgt wieder mit Hilfe des Hardy-Weinberg-Gesetzes, das sich in der Formel $a^2+2ab+b^2 = 1$ ausdrücken läßt. Bekannt sind die Heterozygoten, also 2ab, gefragt wird nach den homozygot Kranken, also a^2. a ist ungefähr $\frac{2ab}{2}$, da b sich 1 nähert und daher vernachlässigt werden kann. Für a gilt also $\frac{1}{50} : 2 = \frac{1}{100}$. Dieser Wert muß quadriert werden um a^2 zu erhalten, also ergibt sich $\frac{1}{10000}$. Bei einer Heterozygotenhäufigkeit von 1 : 50 ist also eine Erkrankungshäufigkeit von 1 : 10 000 zu erwarten, unter der Voraussetzung, daß in der Population Panmixie herrscht, d. h. die Auswahl der Fortpflanzungspartner zufällig erfolgt.

Frage 100: Die Hämophilie A tritt mit einer Häufigkeit von 1×10^{-4} auf. Dann ist die Häufigkeit des Hämophilie-Gens in der Gesamtbevölkerung

A. $^2/_3 \times 10^{-4}$
B. 1×10^{-4}
C. $^1/_4 \times 10^{-4}$
D. $^2/_4 \times 10^{-4}$
E. $^3/_2 \times 10^{-4}$

Es handelt sich um eine Prüfungsfrage, die aus einer Fragensammlung von Studenten stammt. Die Formulierung kann daher in der Originalfrage etwas abweichen.
Antwort B ist richtig.

Bei autosomal-rezessiven Erbkrankheiten errechnet sich die Genhäufigkeit, indem man aus der Zahl der Erkrankungsfälle (a^2) die Wurzel zieht (siehe auch Frage 97).

Im Falle von X-chromosomal-recessiver Vererbung werden jedoch alle männlichen Genträger auffällig, da sie für die X-chromosomalen Gene hemizygot sind (siehe auch Fragen 67, 71). In diesen Fällen entspricht daher die Zahl der Erkrankten der Genhäufigkeit in der Bevölkerung.

Frage 101: Die generelle Einführung einer sehr erfolgreichen neuen Therapie für ein autosomal-recessives Erbleiden, das bislang bei Homozygoten stets zum Tod vor der Fortpflanzung führte, bewirkt

1. keine Veränderung der Genhäufigkeit in der Bevölkerung
2. eine starke Zunahme der Genhäufigkeit innerhalb weniger Generationen
3. eine langsame Zunahme der Genhäufigkeit im Zeitraum vieler Generationen
4. Einstellung eines neuen genetischen Gleichgewichts auf der Ebene einer höheren Genhäufigkeit.

A. Nur 1 ist richtig.
B. Nur 2 ist richtig.
C. Nur 3 ist richtig.
D. Nur 2 und 4 ist richtig.
E. Nur 3 und 4 ist richtig.

Es handelt sich um eine echte Prüfungsfrage.
Antwort E ist richtig.

Die Zunahme der Genhäufigkeit wird relativ langsam erfolgen, weil eine Vermehrung des Genbestandes nur über die sich fortpflanzenden Homozygoten erfolgen kann, und diese haben bei den meisten autosomal-recessiven Krankheiten eine Häufigkeit von 1 : 10 000 bis 1 : 100 000. Es dürfte schätzungsweise erst nach etwa 40 Generationen zu einer Verdoppelung der Genfrequenz kommen. Wenn durch die Therapie eine hundertprozentige Fitness (uneingeschränkte Fortpflanzungsfähigkeit) erreicht wird, kommt es zu einem stetigen Anstieg der Genhäufigkeit, bis das normale und das krankmachende Gen in der Bevölkerung in gleicher Frequenz vorkommt. Wird keine volle Reproduktionsfähigkeit erreicht, so stellt sich ein genetisches Gleichgewicht auf entsprechend niedrigerer Basis ein.

Frage 102: Welche Antwort trifft zu?
Die Häufigkeit recessiver Erbleiden hat in den letzten hundert Jahren in Europa und Nordamerika abgenommen, vorwiegend als Folge von

A. natürlicher Auslese
B. besserer genetischer Beratung der Ehepaare
C. Abnahme der Vetter-Basen-Ehen
D. Abnahme der Mutationsrate
E. frühzeitiger Behandlung der genetischen Defekte.

Es handelt sich um eine Prüfungsfrage, die in einer von Studenten erstellten Fragensammlung aufgeführt ist. Die Formulierung kann daher evtl. etwas anders lauten.
Antwort C ist richtig.

Durch eine starke Bevölkerungsvermischung und durch Auflösung von Isolaten ist die Zahl von Verwandtenehen stark zurückgegangen. Damit hat die Gefahr, daß zwei Genträger als Ehepartner zusammentreffen, abgenommen.

Die natürliche Auslese hat in den letzten 100 Jahren durch die Fortschritte in der Medizin eher abgenommen, so daß durch sie kein Rückgang der recessiven Leiden zu erklären ist.

Die bessere genetische Beratung ist noch keine 100 Jahre alt, und ihr Einfluß auf die Anzahl der recessiven Erkrankungsfälle ist sehr beschränkt.

Bezüglich der Mutationsrate ist eher ein Anstieg als eine Abnahme zu erwarten, da in den modernen Industriestaaten vermehrt mutagene Substanzen auf die Bevölkerung einwirken.

Die frühzeitige Behandlung von Erbleiden würde nicht zu einer Verminderung, sondern zu einer Vermehrung der Erkrankungsfälle führen, da hierdurch auch die homozygoten Genträger fortpflanzungsfähig würden und das betreffende Gen an jeden ihrer Nachkommen weitergegeben würde. Bis jetzt ist allerdings eine Therapie der erblichen Stoffwechseldefekte (sie stellen die Mehrzahl der recessiv-erblichen Krankheiten) nur sehr beschränkt möglich.

Frage 103: Rückgang der Blutsverwandtenehen in der Bevölkerung hat Abnahme der Häufigkeit recessiver Gene zur Folge,
weil
Homozygotie durch Blutsverwandtenehen begünstigt wird.

A. Aussagen 1 und 2 sind richtig, Verknüpfung ist richtig.
B. Aussagen 1 und 2 sind richtig, Verknüpfung ist falsch.
C. Aussage 1 ist richtig, Aussage 2 ist falsch.
D. Aussage 1 ist falsch, Aussage 2 ist richtig.
E. Aussagen 1 und 2 sind falsch.

Es handelt sich um eine echte Prüfungsfrage.
Antwort D ist richtig.

Aussage 1 ist falsch, weil die Anzahl der Verwandtenehen keinen wesentlichen Einfluß auf die Anzahl der recessiven Gene in der Bevölkerung hat. Eine Abnahme könnte nur erreicht werden, wenn man durch Heterozygotentests alle Genträger erfaßt und diese dann auf Nachkommenschaft verzichten. Eine gewisse Anzahl von Genträgern würde allerdings auch unter diesen Umständen durch die dauernd auftretenden Neumutationen vorhanden sein. Eine Zunahme der Gene ist anzunehmen, wenn es gelingt, die homozygot Erkrankten so gut zu therapieren, daß sie eine normale Fortpflanzungsfähigkeit erreichen (siehe auch Frage 101).

Aussage 2 ist richtig, weil die Wahrscheinlichkeit, daß 2 gleichartige Gene bei Ehepartnern zusammentreffen, beim Vorliegen von Blutsverwandtschaft deutlich höher ist als bei nicht verwandten Personen. Das Vorliegen einer Verwandtenehe ist daher häufig das erste Anzeichen dafür, daß einer bestimmten Krankheit ein recessiver Erbgang zugrunde liegen könnte.

Frage 104: Bei autosomal-recessiver Vererbung ist das Risiko heterozygoter Eltern, ein homozygot krankes Kind zu haben, 25%. Wenn man bei der Erbgangsanalyse die Familien über die kranken Kinder erfaßt, ergibt sich ein höherer Anteil an kranken Kindern, *weil*
in Familien, die über die kranken Kinder erfaßt werden, die Manifestationswahrscheinlichkeit des krankmachenden Gens erhöht ist.

A. Aussagen 1 und 2 sind richtig, Verknüpfung ist richtig.
B. Aussagen 1 und 2 sind richtig, Verknüpfung ist falsch.
C. Aussage 1 ist richtig, Aussage 2 falsch.
D. Aussage 1 ist falsch, Aussage 2 richtig.
E. Aussagen 1 und 2 sind falsch.

Es handelt sich um eine echte Prüfungsfrage.
Antwort C ist richtig.

Aussage 1 ist richtig, weil eine Erbgangsanalyse über die kranken Kinder dazu führt, daß alle Familien nicht mit in die Berechnung eingehen, bei denen die Eltern zwar auch beide Genträger sind, aber zufällig kein krankes Kind geboren wurde. Bei der heutigen Durchschnittsgröße der Familien ist der dadurch nicht erfaßte Anteil der Genträger relativ hoch und verfälscht das Ergebnis stark. Um korrektere Werte zu erzielen wird die sogenannte „Weinbergkorrektur" angewendet. Dabei werden alle Patienten, die zur Erfassung der Familie führten, ausgeschlossen und nur die Anzahl ihrer erkrankten Geschwister berücksichtigt (siehe auch Frage 65).

Aussage 2 ist falsch, weil ein bestimmtes Verfahren bei der Erbgangsanalyse nicht die Wirksamkeit eines Gens beeinflussen kann.

Frage 105: Bei der indirekten Bestimmung der Mutationsrate wird die Fortpflanzungseignung der Erbkranken berücksichtigt,
weil
der Berechnung die Annahme eines Gleichgewichts zwischen Mutation und Selektion zugrunde liegt.

A. Aussagen 1 und 2 sind richtig, Verknüpfung ist richtig.
B. Aussagen 1 und 2 sind richtig, Verknüpfung ist falsch.
C. Aussage 1 ist richtig, Aussage 2 ist falsch.
D. Aussage 1 ist falsch, Aussage 2 ist richtig.
E. Aussagen 1 und 2 sind falsch.

Es handelt sich um eine echte Prüfungsfrage.
Antwort A ist richtig.

Aussage 1 ist richtig, weil bei Genen, die nur eine sehr geringe Verminderung der Fortpflanzungsfähigkeit bedingen, die meisten Erkrankungsfälle familiär auftreten, während bei einer stark eingeschränkten Fortpflanzungsfähigkeit die Mehrzahl der Erkrankungen auf Neumutationen beruhen muß. Wenn beispielsweise bei einem dominanten Gen die Merkmalsträger die Hälfte der effektiven Fruchtbarkeit von Vergleichspersonen haben, werden in jeder Generation durchschnittlich 50% aller mutierten Gene ausgemerzt. Da die Häufigkeit des Merkmals konstant bleibt, müssen 50% der Fälle durch Neumutationen entstehen. Aus dieser Beziehung läßt sich eine Formel zur Errechnung der Mutationsrate ableiten, die für die jeweiligen Erbgänge (dominant, recessiv, X-gebunden) modifiziert werden muß.

Bei regelmäßig dominanten Genen ergibt sich die Mutationsrate direkt aus der Zahl der Merkmalsträger, die von merkmalsfreien Eltern stammen, bezogen auf die doppelte Zahl der im gleichen Zeitraum und im gleichen Gebiet Geborenen. Der Bezug auf die doppelte Anzahl ist notwendig, weil die Mutationsrate nicht auf Individuen, sondern auf Gene bezogen wird und daher berücksichtigt werden muß, daß jede Person für jeden Locus zwei Allele besitzt.

Aussage 2 ist richtig, weil bei der Berechnung der Mutationsrate davon ausgegangen wird, daß die Häufigkeit eines Merkmals konstant bleibt, indem sich das Auftreten von Mutation und Selektion die Waage halten.

Da die Gültigkeit der Aussage 2 die Voraussetzung für Aussage 1 darstellt, ist die logische Verknüpfung richtig.

Frage 106: Wie kommt es zu der erhöhten Frequenz des Sichelzellengens in malariaverseuchten Gebieten?
A. Durch eine geringere Malariamorbidität.
B. Durch relative Malariaresistenz der Homozygoten.
C. Durch relative Malariaresistenz der Heterozygoten.
D. Durch pharmako-genetische Effekte.
E. Durch mutagene Wirkung von Malariatoxinen.

Es handelt sich um eine echte Prüfungsfrage.
Antwort C ist richtig.

Das Sichelzellengen stellt eine Mutante des Hämoglobingens dar. Durch einen Aminosäurenaustausch verändert sich die Oberfläche des Hämoglobinmoleküls derart, daß benachbarte Moleküle polymerisieren. Im reduzierten Zustand deformieren die so entstandenen länglichen Kristalle die Erythrozyten zu einer sichelartigen Gestalt. Diese veränderten Erythrozyten verstopfen kleine Gefäße, wodurch es zu Infarkten in den verschiedensten Geweben und Organen kommen kann (insbesondere in Niere und Milz). Durch das Zugrundegehen vieler Erythrozyten entsteht eine hämolytische Anämie.

Während die Homozygotie für das Sichelzellengen meist zum Tode führt, sind Heterozygote durchaus lebensfähig, da bei ihnen etwa 50% der Hämoglobinmoleküle normal sind, so daß die Erythrozytenfunktionen erhalten bleiben. Unter Sauerstoffmangel kann es allerdings auch bei Heterozygoten zur Sichelzellenbildung kommen (z. B. Bergbesteigung, Narkose). Die relative Malariaresistenz der heterozygoten „Sichler" liegt darin begründet, daß ihre Erythrozyten auf einen Befall mit Malariaerregern mit sofortigem Absterben reagieren, so daß die Plasmodien keine Gelegenheit haben, sich stark zu vermehren. Dieser Effekt stellt einen Selektionsvorteil in malariaverseuchten Gebieten dar, wodurch dort das Sichelzellengen eine starke Verbreitung erfahren hat.

Frage 107: Welche Aussage trifft zu?
Ein genetischer Polymorphismus liegt vor, wenn

A. ein Merkmal in Individuen einer Familie stark ausgeprägt ist
B. an einem Genort in einer Bevölkerung zwei (oder mehrere) Allele vorhanden sind, deren selteneres eine Häufigkeit von mindestens 1% aufweist
C. das Zusammenwirken mehrerer Gene zur Ausbildung eines Merkmals erforderlich ist
D. ein Gen mehrere verschiedene Merkmale bedingt
E. die gleiche Krankheit durch Defekte von Erbanlagen an verschiedenen Genorten bedingt sein kann.

Es handelt sich um eine echte Prüfungsfrage.
Antwort B ist richtig.

Die Festlegung einer Häufigkeitsgrenze bei der Definition eines genetischen Polymorphismus ist notwendig, um diesen Begriff gegenüber den Neumutationen abzugrenzen, die so selten sind, daß eine Häufigkeit von 1% niemals erreicht werden kann. Polymorphismen kommen fast an jedem Gen vor, die meisten sind gar nicht nachweisbar. Für das Hämoglobingen sind etwa 100 verschiedene Varianten bekannt. Voraussetzung für die Verbreitung einer solchen Variante in der Bevölkerung ist, daß durch die Veränderung der Basensequenz keine Beeinträchtigung der Genfunktion eintritt.

Die unter A gegebene Definition bezieht sich auf den Begriff „Expressivität", der weitgehend auf die Ausprägung dominant vererbter krankhafter Merkmale beschränkt ist (siehe auch Frage 48).

Unter C ist der Begriff „Polygenie" erklärt, unter D die „Polyphänie" bzw. „Pleiotropie" (siehe auch Fragen 77, 112). Die Aussage E stellt die Definition der „Heterogenie" dar (siehe auch Frage 77).

Frage 108: Welche Aussage trifft zu?
Die Behandlung der Phenylketonurie besteht in

A. phenylalaninfreier Kost
B. phenylalaninarmer Kost

C. proteinarmer Kost
D. Zufuhr von Tyrosin
E. Zufuhr des fehlenden Enzyms.

Es handelt sich um eine echte Prüfungsfrage, die allerdings nicht unbedingt dem humangenetischen Bereich zuzuordnen ist. Antwort B ist richtig.

Durch den möglichst frühzeitigen Einsatz phenylalaninarmer Kost können die bei Phenylketonurie ansonsten unvermeidlichen Schädigungen des Zentralnervensystems weitgehend verhindert werden. Etwa ab dem 10. Lebensjahr kann die Diät gelockert werden, weil das Gehirn dann nicht mehr so empfindlich ist. Phenylalaninfreie Kost kann derzeit noch nicht hergestellt werden, erscheint auch nicht notwendig, da minimale Mengen von Phenylalanin offensichtlich keine schädlichen Wirkungen haben.

Proteinarme Kost kann die Schäden der Phenylketonurie nicht verhindern, wohl aber zusätzliche Gedeihstörungen hervorrufen.

Zufuhr von Tyrosin wäre nutzlos, da die Gehirnschädigung nicht durch das Fehlen von Tyrosin, sondern durch die Anhäufung von Phenylalanin und seiner Metaboliten verursacht wird. Die therapeutische Zufuhr des fehlenden Enzyms ist theoretisch denkbar, läßt sich aber kaum realisieren.

Frage 109: Die kongenitale Galaktosämie

1. kann durch einen Mangel an Galaktosinase oder an Galaktose-1-Phosphat-Uridyltransferase bedingt sein
2. führt unbehandelt bei längerer Dauer zu Leberzirrhose und Linsentrübung (Katarakt)
3. kann durch Nachweis des Enzymdefekts in Erythrozyten diagnostiziert werden
4. kann durch Einhalten einer lactose- und galaktosearmen Diät behandelt werden.

A. Nur 1 und 4 sind richtig.
B. Nur 1, 2 und 3 sind richtig.
C. Nur 1, 3 und 4 sind richtig.
D. Nur 2, 3 und 4 sind richtig.
E. 1–4 = alle sind richtig.

Es handelt sich um eine echte Prüfungsfrage, allerdings dürfte sie weniger als humangenetische, sondern mehr als pathologische Frage gelten. Da es sich jedoch um eine Erbkrankheit handelt, soll sie hier kurz besprochen werden.
Antwort E ist richtig.

Neben den beiden unter 1 genannten Enzymdefekten kann auch noch die Uridin-Diphosphat-Galaktose-4-Epimerase-Bildung gestört sein. Im Gegensatz zu den beiden ersten Enzymmangelzuständen ist jedoch die geistige und körperliche Entwicklung bei dieser Störung nicht wesentlich verändert. Alle drei Defekte sind autosomal-recessiv erblich und kommen in einer Häufigkeit unter 1 : 10 000 vor.

Bei der Galaktosämie I (Galaktose-1-Phosphat-Uridyltransferase-Mangel) kommt es durch die Anhäufung von toxischen Stoffwechselprodukten zu Schwachsinn, Leberzirrhose, Nierenschäden, Katarakt und allgemeinen Gedeihstörungen.

Bei der Galaktosämie II (Galaktokinase-Mangel) entwickelt sich eine normale Intelligenz. Der Nachweis des Enzymdefektes, insbesondere die Differenzierung der verschiedenen Formen kann durch Messung der Enzymaktivität von Erythrozyten, aber auch von anderen Körperzellen (beispielsweise Amnionzellen für die pränatale Diagnostik) durchgeführt werden. Auch ein Heterozygotennachweis ist möglich.

Durch Einhaltung einer milchzuckerfreien Diät können alle Erscheinungen der Galaktosämie weitgehend verhindert werden.

Abschnitt 9: Enzymdefekte und deren Folgen

Frage 110: Allgemeine Folgen eines Stoffwechseldefektes im Aminosäurestoffwechsel können sein:

1. Synthese von Proteinen mit veränderter Aminosäuresequenz.
2. Vermehrte Synthese eines Aminosäurestoffwechsel-Nebenproduktes.
3. Anstau eines Metaboliten vor dem Stoffwechselblock.
4. Entwicklungs- und Funktionsstörungen des ZNS.

A. Nur 1 ist richtig.
B. Nur 3 ist richtig.
C. Nur 2 und 3 sind richtig.
D. Nur 2, 3 und 4 sind richtig.
E. 1−4 = alle sind richtig.

Es handelt sich um eine echte Prüfungsfrage.
Antwort D ist richtig.

Die Synthese von abnorm zusammengesetzten Proteinen kann durch eine Störung des Aminosäurestoffwechsels nicht verursacht werden, da die Festlegung der Aminosäuresequenz ja bereits durch die Transkription der DNS-Basensequenz auf die Messenger-RNS und durch die Translation dieser Information an den Ribosomen erfolgt ist.

Eine vermehrte Benutzung eines Stoffwechselnebenweges ist bei vielen Enzymdefekten eine Möglichkeit, die Anstauung toxischer Metaboliten mehr oder minder stark einzudämmen. Beispielsweise wird bei der Phenylketonurie vermehrt β-Hydroxyphenylpyruvat gebildet, wodurch allerdings nicht verhindert werden kann, daß bei normaler Ernährung eine Anhäufung des Phenylalanins und der Phenylbrenztraubensäure zu einer irreversiblen Schädigung des

Zentralnervensystems führt (siehe auch Frage 64). Ähnliche Schädigungen durch Anstauung toxischer Metaboliten nach Blockade des normalen Abbauweges kommen auch bei den Mukopolysaccharidosen, der Galaktosämie und vielen anderen Stoffwechselerkrankungen vor.

Frage 111: Eine genetisch bedingte Störung der Hydroxylierung von Phenylalanin zu Tyrosin (Phenylketonurie) hat ohne diätetische Behandlung zur Folge:

1. Das Auftreten von Phenylessigsäure im Blut.
2. Einen gravierenden Mangel an Tyrosin im Blut.
3. Eine überschießende Bildung von p-Hydroxyphenylpyruvat.
4. Eine stark eingeschränkte Bildung von Katecholaminen.
5. Die vermehrte Ausscheidung von Phenylalanin.

A. Nur 2 ist richtig.
B. Nur 1 und 3 sind richtig.
C. Nur 1 und 5 sind richtig.
D. Nur 2 und 4 sind richtig.
E. Nur 1, 3 und 5 sind richtig.

Es handelt sich um eine echte Prüfungsfrage, die allerdings weniger in den humangenetischen Bereich als vielmehr in das Fachgebiet Pathobiochemie einzuordnen ist. Sie wurde trotzdem in diese Fragensammlung aufgenommen, weil Kenntnisse über die Entstehung der Phenylketonurie auch in humangenetisch orientierten Fragen verlangt werden können. Außerdem ist die Frage so unglücklich formuliert, daß laut Auskunft des Instituts für Prüfungsfragen nur 19% der Studenten diese Frage richtig beantworten konnten. Trotzdem wurde mein Antrag die Frage zu ändern als nicht gerechtfertigt angesehen. Es ist allerdings durchaus möglich, daß die Frage inzwischen doch umformuliert wurde.
Antwort C ist richtig.

Aussage 1 ist richtig, weil bei Phenylketonurie Phenylalanin und seine Abbauprodukte in allen Körperflüssigkeiten vorkommen, also auch im Blut. Normalerweise wird allerdings die Phenylessigsäure im

Urin nachgewiesen. Entsprechend ist auch Aussage 5 richtig, da Phenylalanin im Urin vermehrt ausgeschieden wird, auch wenn ein solcher Nachweis unüblich ist.

Aussage 2 ist falsch, weil Tyrosin auch über andere Stoffwechselwege entsteht, das gleiche gilt für die Katecholamine (Aussage 4).

Aussage 3 ist nur deswegen falsch, weil die Bildung von p-Hydroxyphenylpyruvat angesprochen ist und nicht β-Hydroxyphenylpyruvat, das tatsächlich bei Phenylketonurie über einen Stoffwechselnebenweg vermehrt gebildet wird. Diesen kleinen Unterschied hat allerdings auch ein Professor der Biochemie, dem ich diese Frage vorgelegt habe, nicht bemerkt und die Frage dementsprechend falsch beantwortet.

Frage 112: Unter Pleiotropie versteht man

A. verschiedene Gene sind für die Ausprägung eines Merkmals verantwortlich
B. ein Merkmal tritt in verschiedenen Populationen unterschiedlich häufig auf
C. die Variabilität eines Merkmals bei Zwillingen
D. den Unterschied in der Ausprägung eines Merkmals bei homo- und heterozygoten Genträgern
E. ein Gen ist für die Ausprägung verschiedener Merkmale verantwortlich.

Es handelt sich um eine Prüfungsfrage, die aus einer Fragensammlung von Studenten stammt. Die Formulierung der Originalfrage kann daher etwas abweichen.
Antwort E ist richtig.

Ein Synonym für Pleiotropie ist Polyphänie. Als Beispiel für unterschiedliche phänotypische Auswirkungen eines Gens kann das Marfan-Syndrom herangezogen werden: Ihm liegt ein Gendefekt zugrunde, der vor allem die aus dem Mesenchym entstehenden Organe betrifft. Es treten dadurch sehr verschiedene Symptome, wie z. B. Hochwuchs, Skelettanomalien, Augenfehler und Gefäßschäden auf (siehe auch Frage 41).

Frage 113: Welche der genannten Enzymdefekte haben bekannte pharmakogenetische Wirkungen?

1. Pseudocholinesterase-Mangel
2. Galaktose-1-Phosphaturidyltransferase-Mangel
3. Glucose-6-Phosphat-Dehydrogenase-Mangel
4. Phenylalanin-Hydroxylase-Mangel

A. Nur 1 und 2 sind richtig.
B. Nur 1 und 3 sind richtig.
C. Nur 1 und 4 sind richtig.
D. Nur 2 und 3 sind richtig.
E. Nur 2 und 4 sind richtig.

Es handelt sich um eine echte Prüfungsfrage.
Antwort B ist richtig.

Die Pseudocholinesterase ist für den schnellen Abbau des Muskelrelaxans Succinyldicholin verantwortlich. Ein Mangel an diesem Enzym führt bei Anwendung dieses in der Narkosepraxis häufig verwendeten Medikaments zu einem stark verlängerten Atemstillstand, der zum Tode führen kann. Diese Enzymstörung hat eine Häufigkeit von etwa 1 : 3 000.

Ein Glucose-6-Phosphat-Dehydrogenase-Mangel kommt in Mitteleuropa praktisch nicht vor, ist aber in einigen südlichen Ländern nicht selten. Er führt zu einer Unverträglichkeit von Malariamitteln (z. B. Primaquine), Sulfonamiden und anderen Medikamenten. Es wird eine hämolytische Anämie ausgelöst.

Neben den in der Frage genannten Enzymdefekten mit pharmogenetischer Wirkung ist auch noch eine Störung der N-Acetyltransferase in der Leber zu nennen, wodurch bei verschiedenen Medikamenten (u. a. Isoniazid gegen TBC; Hydralazin gegen Hochdruck, Phenelzine gegen Depressionen) Unverträglichkeitserscheinungen infolge eines zu langsamen Abbaus ausgelöst werden. Dieser Enzymdefekt ist in Europa ziemlich häufig.

Abschnitt 10: Genetische Beratung

Frage 114: Ein taubstummes Elternpaar (beide Eltern sind von recessiv-erblicher Taubheit betroffen) hat ein hörgesundes Kind. Wie groß ist das genetische Risiko für weitere Kinder taubstumm zu sein?

A. Sehr gering
B. 25%
C. 50%
D. 75%
E. 100%

Es handelt sich um eine echte Prüfungsfrage.
Antwort A ist richtig.

Da beide Eltern an einer recessiv-erblichen Taubheit erkrankt sind, muß jeder von ihnen homozygoter Genträger sein. Aus der Tatsache, daß schon ein hörgesundes Kind geboren wurde, läßt sich jedoch ableiten, daß die beiden Eltern an zwei verschiedenen Taubheitsformen leiden, da sonst keine Möglichkeit bestünde, gesunde Kinder zu bekommen. Aus diesem Grund ist auch das Risiko für weitere Kinder gering einzuschätzen, da jeder Elternteil dem Taubheitsgen seines Partners ein gesundes Allel entgegensetzen kann.

Man nimmt heute an, daß über 30 verschiedene Gene für die Entstehung von Taubheit bzw. Taubstummheit verantwortlich sein können, wobei in etwa $^3/_4$ der Fälle ein autosomal-recessiver Erbgang besteht. Taubheit stellt ein gutes Beispiel für Heterogenie dar (siehe Frage 77). Die Gefahr, daß zwei Taubstumme an der gleichen Taubheitsform leiden, ist relativ niedrig. Allerdings besteht die Gefahr, daß ein Taubstummer heterozygot für ein weiteres Taubheitsgen ist. Wenn er mit einem Partner zusammentrifft, der für dieses Gen homozygot ist, besteht die Gefahr, daß 50% der Kinder erkranken (Pseudodominanz, siehe Frage 60).

Frage 115: Die Schwester eines an autosomal-recessiv erblicher infantiler spinaler Muskelatrophie (Werdnig-Hoffmann) verstorbenen Bruders möchte ihren Vetter heiraten.
Wie hoch ist das Risiko für die Kinder aus dieser Ehe, an dem obengenannten Leiden zu erkranken?

A. $1/4$
B. $1/16$
C. $1/24$
D. $1/48$
E. $1/64$

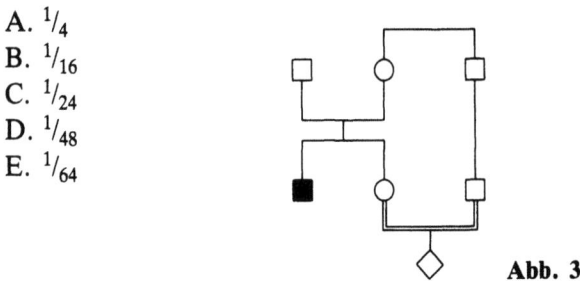

Abb. 3

Es handelt sich um eine echte Prüfungsfrage.
Antwort C ist richtig.

Aus dem vorliegenden Stammbaum geht hervor, daß beide Eltern des Erkrankten heterozygote Genträger für Muskelatrophie sein müssen. Aus einer solchen Ehe gehen $1/4$ kranke und $3/4$ phänotypisch unauffällige Kinder hervor. Von den gesunden Kindern erben aber $2/3$ wieder das krankhafte Gen, während nur $1/3$ homozygot gesund ist. Man muß daher annehmen, daß die Schwester des Erkrankten mit einer Wahrscheinlichkeit von $2/3$ Anlageträgerin für Muskelatrophie ist.

Die Mutter des Erkrankten hat mit großer Wahrscheinlichkeit das krankhafte Gen von einem ihrer Eltern geerbt. Der Bruder der Mutter des Erkrankten hat somit das Risiko $1/2$ das krankmachende Gen von einem seiner Eltern zu erben; sein Sohn dementsprechend $1/4$.

Bei einer Ehe zwischen diesem Sohn und seiner Cousine mütterlicherseits, für die ein Risiko $2/3$ berechnet wurde, müssen beide Risiken multipliziert werden, so daß sich $2/3 \times 1/8 = 2/12$ ergibt.

Dieser Wert gibt die Wahrscheinlichkeit an, daß beide Anlageträger sind. Da unter diesen Umständen ein Risiko von $^1/_4$ besteht, daß ihr Kind beide Erbanlagen erhält, muß diese Risikoziffer nochmals mit $^1/_4$ multipliziert werden, wodurch sich ein endgültiges Risiko von $^1/_{24}$ ergibt.

Bei der Lösung solcher Aufgaben ist von besonderer Wichtigkeit, daß man bei der Risikoabschätzung immer von dem Probanden ausgeht und feststellt, wie groß die Wahrscheinlichkeit für seine Verwandten ist, das krankmachende Gen geerbt zu haben.

Frage 116: Nicht an Albinismus erkrankte Eltern, die Vetter und Base sind, haben 2 Kinder mit recessiv-erblichem Albinismus. Wie hoch ist das Risiko für weitere Kinder, ebenfalls an Albinismus zu erkranken?

A. 12,5%
B. 25%
C. 50%
D. 75%
E. 100%

Es handelt sich um eine echte Prüfungsfrage.
Antwort B ist richtig.

Die in dieser Frage angeschnittene Problematik kehrt in unterschiedlichen Formulierungen in mehreren Fragen wieder (43, 44, 57). Es ist dabei immer wieder zu berücksichtigen, daß der Zufall kein „Gedächtnis" hat und deswegen für jede Schwangerschaft immer wieder das gleiche Risiko besteht, ganz unabhängig davon, wie vorangegangene Schwangerschaften abgelaufen sind. Auch etwaige Blutsverwandtschaft spielt dabei keine Rolle.

Bezüglich des Albinismus siehe Frage 41.

Frage 117: Eine Frau hat mit einem Mann, der inzwischen verstorben ist, ein Kind mit einem seltenen recessiven Erbleiden. Sie will wieder heiraten und zwar den Bruder ihres verstorbenen Mannes. Wie groß ist das Risiko für das erste Kind aus dieser Verbindung, mit dem gleichen recessiven Leiden behaftet zu sein?

A. Minimal
B. $1/16$
C. $1/8$
D. $1/4$
E. $1/2$

Es handelt sich um eine echte Prüfungsfrage.
Antwort C ist richtig.

Durch das Vorhandensein eines Kindes mit einem seltenen recessiven Erbleiden ist sicher, daß beide Eltern Anlageträger sind. Das Risiko für den Bruder des verstorbenen Ehemannes liegt bei $1/2$, da Geschwister immer in der Hälfte der Erbanlagen übereinstimmen. Die Gefahr für ein weiteres Kind mit dem gleichen Erbleiden verringert sich also in der geplanten Ehe von $1/4$ auf $1/8$ (siehe auch Fragen 115, 119).

Frage 118: Welche Aussage trifft *nicht* zu?
Bezüglich einer Ehe zwischen zwei taubstummen Partnern gelten die folgenden Aussagen:

A. Wenn mit Sicherheit feststeht, daß das Leiden bei beiden erworben wurde, ist das Risiko für die Kinder nicht erhöht.
B. Wenn in einer solchen Ehe das 1. geborene Kind taubstumm ist, ist für alle folgenden Kinder das Wiederholungsrisiko nahezu 100%.
C. Die erbliche Taubstummheit ist genetisch heterogen.
D. Wenn in einer solchen Ehe das 1. geborene Kind normales Hörvermögen zeigt, ist es sehr wahrscheinlich, daß auch die folgenden Kinder normal hören werden.
E. Wenn bei beiden Partnern ein ererbtes Leiden vorliegt, können aus einer solchen Ehe nur wieder taubstumme Kinder hervorgehen.

Es handelt sich um eine echte Prüfungsfrage.
Antwort E ist richtig (siehe vorangegangene Frage).

Frage 119: Welche Aussage trifft zu?
III$_1$ und III$_2$ leiden an Phenylketonurie. Die Erkrankungswahrscheinlichkeit für das Kind ist

A. 25%
B. höher als 25%, da eine Verwandtenehe vorliegt
C. niedriger als 25%, da schon 2 Kranke in der Familie geboren sind
D. 50% für einen Sohn, 0 für eine Tochter
E. 50%

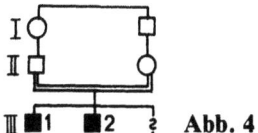

Abb. 4

Es handelt sich um eine echte Prüfungsfrage.
Antwort A ist richtig.

Die Tatsache, daß bereits 2 erkrankte Kinder vorhanden sind, beweist, daß beide Eltern je ein recessives Gen für die Phenylketonurie besitzen. Bei dieser Konstellation ist das Risiko für jedes weitere Kind, wie bei allen recessiv erblichen Krankheiten, 25%. Dieses Risiko wird nicht durch das Vorliegen einer Verwandtenehe beeinflußt, da diese nur dann eine Rolle spielt, wenn abgeschätzt werden soll, wie groß die Wahrscheinlichkeit ist, daß zwei Genträger zusammentreffen. Auch das Vorhandensein von 2 erkrankten Kindern ist unerheblich, da für jedes Kind ein Einzelrisiko von 25% besteht.

Die unter D angegebenen Risiken würden für einen X-chromosomal recessiven Erbgang sprechen, der aber bei der Phenylketonurie nicht anzunehmen ist und der auch auf Grund des vorliegenden Stammbaumes nicht in Frage kommt.

Das unter E angegebene Risiko von 50% würde einem dominanten Erbgang entsprechen, der aber für die Phenylketonurie auch nicht zutrifft und der einen erkrankten Elternteil voraussetzen würde.

Frage 120: Ein Mann mit Achondroplasie (autosomal-dominant) heiratet eine Frau mit Vitamin-D-resistenter Rachitis (X-chromosomal dominant).
Welche der folgenden Aussagen trifft *nicht* zu?

A. Das Risiko für Söhne, an Achondroplasie zu erkranken, beträgt 50%.
B. Das Risiko für Söhne, an Vitamin-D-resistenter Rachitis zu erkranken, beträgt 25%.
C. Das Risiko für Töchter, an Achondroplasie zu erkranken, beträgt 50%.
D. Das Risiko für Töchter, die Anlage für Vitamin-D-resistente Rachitis zu erben, beträgt 50%.
E. Das Risiko für Töchter, die Anlagen für Achondroplasie und Vitamin-D-resistente Rachitis zu erben, beträgt 25%.

Es handelt sich um eine echte Prüfungsfrage.
Antwort B ist richtig.

Wenn die Mutter auf einem ihrer beiden X-Chromosomen ein dominantes Gen für ein Erbleiden besitzt, so haben ihre Söhne ein Risiko von 50%, dieses krankhafte X-Chromosom zu erben. Das gleiche Risiko haben auch ihre Töchter. Für ein autosomal dominantes Leiden, wie es die Achondroplasie darstellt, ist das Risiko der Nachkommen unabhängig vom Geschlecht ebenfalls 50%. Das Risiko, daß beide Leiden zusammentreffen, ist für Töchter und Söhne $1/2 \cdot 1/2 = 1/4 = 25\%$.

Bei der Achondroplasie handelt es sich um einen genetisch bedingten, dysproportionierten Zwergwuchs infolge Störung der Knorpelbildung. Der Basiseffekt ist noch nicht bekannt. Expressivität und Penetranz sind meist nicht vermindert. Die Spontanmutationsrate steigt mit dem Zeugungsalter des Vaters um etwa das 10fache an. Die Erkrankung hat eine Häufigkeit von etwa 1 : 20 000.

Bei der Vitamin-D-resistenten Rachitis handelt es sich um einen Stoffwechseldefekt, der zu einem stark verminderten Serumphosphatspiegel und zu vermehrter Phosphatausscheidung im Urin führt (daher auch als Hypophosphatämie bezeichnet). Die Expressivität ist sehr variabel. Die Krankheit ist so selten, daß eine Angabe über die Häufigkeit noch nicht möglich ist.

Frage 121: Welche Aussage trifft zu?
Bei einer Frau mit Chondrodysplasie ohne Familienanamnese beträgt das Risiko für das Auftreten dieser Krankheit bei ihren Kindern, wenn der Mann nicht vom gleichen Leiden betroffen ist.

A. ca. 50%
B. ca. 25%
C. ca. 25%, aber nur für Söhne
D. je nach Häufigkeit des Gens in der Allgemeinbevölkerung zwischen 0,1 und 1%
E. 0%

Es handelt sich um eine echte Prüfungsfrage.
Antwort A ist richtig.

Die Chondrodysplasie, oder präziser die Achondroplasie (weil es mehrere Formen von Chondrodysplasie gibt), ist eine autosomal-dominante Erbkrankheit mit fast vollständiger Expressivität und Penetranz. Wenn ein Elternteil erkrankt ist, besteht daher ein Risiko von 50%, daß auch die Kinder mit diesem Leiden behaftet sind (siehe auch Fragen 56, 120).

Frage 122: Welche Aussage trifft zu?
Die Vitamin-D-resistente Rachitis ist X-chromosomal dominant erblich; deshalb haben, sofern der andere Ehepartner gesund ist, betroffene

A. Mütter nur kranke Söhne
B. Mütter nur gesunde Söhne
C. Väter keine kranken Söhne
D. Mütter nur kranke Töchter
E. Väter nur gesunde Töchter

Es handelt sich um eine echte Prüfungsfrage.
Antwort C ist richtig.

Bei allen X-chromosomalen Erbleiden kann der Vater das entsprechende Gen nicht auf seine Söhne vererben, weil diese von ihm nur ein Y- und kein X-Chromosom erben. Die Töchter erben jedoch alle das eine X-Chromosom des Vaters und erkranken daher bei dominanten Gendefekten zu 100%.

Falls die Mutter ein X-chromosomal dominantes Erbleiden hat, vererbt sie es sowohl auf 50% ihrer Söhne als auch auf 50% ihrer Töchter.

Bezüglich der Vitamin-D-resistenten Rachitis siehe auch Frage 120.

Frage 123: Die Wahrscheinlichkeit für ein Kind des Elternpaares I, an Hämophilie A zu erkranken, beträgt (der Ehemann ist erscheinungsfrei)

A. nahezu 0
B. $1/8$
C. für Söhne $1/8$
D. für Söhne $1/4$
E. für Söhne $1/2$

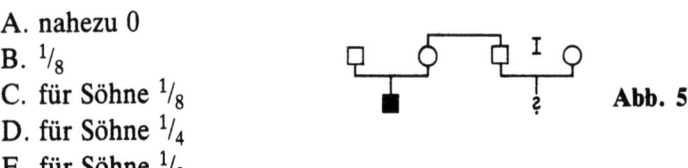

Abb. 5

Es handelt sich um eine echte Prüfungsfrage.
Antwort A ist richtig.

Hämophilie A ist X-chromosomal recessiv erblich. Da ein erkrankter Sohn vorhanden ist, muß die Schwester des Ehemanns I Genträgerin (Konduktorin) sein. Wenn ihr Bruder auch Genträger wäre, müßte er Krankheitssymptome aufweisen. Da diese ausdrücklich verneint werden, ist er nicht betroffen, so daß das Risiko für sein Kind nicht größer ist als in der Allgemeinbevölkerung.

Wäre nicht der Ehemann, sondern die Ehefrau mit der Konduktorin verwandt, so wäre das Risiko für einen Sohn $1/4$, da seine Mutter mit der Wahrscheinlichkeit $1/2$ Konduktorin wäre und die Söhne von Konduktorinnen ein Erkrankungsrisiko von 50% haben.

Die Hämophilie A ist eine genetisch bedingte Blutgerinnungsstörung. Der Gendefekt führt zu einer verminderten Aktivität des antihämophilen Globulins A (Faktor VIII) im Plasma, wodurch es zu einer erhöhten Blutungsneigung kommt. Diese Hämophilieform kommt mit einer Frequenz von 1 : 5000 Knaben vor.

Die Hämopihilie B (Faktor IX Mangel) ist demgegenüber deutlich seltener (1 : 25 000 Knaben). Auch sie ist X-chromosomal erblich.

Frage 124: Welche Aussage trifft zu?
Die Frauen A und B kommen zur genetischen Beratung, weil jeweils 2 Brüder der Mutter an Hämophilie A erkrankt sind.

A. In beiden Fällen ist das Risiko, selbst Genträgerin zu sein, $1/4$ oder 25%.
B. In beiden Fällen ist das Risiko, selbst Genträgerin zu sein, $1/2$ oder 50%.
C. Für die Frau A beträgt das Risiko, Genträgerin zu sein $1/4$. Für die Frau B ergibt sich, da sie vier gesunde und keine kranken Brüder hat, eine geringere Wahrscheinlichkeit, Genträgerin zu sein.
D. Es muß die Möglichkeit berücksichtigt werden, daß die Hämophilie bei den Merkmalsträgern durch Neumutation entstanden ist. Das Risiko, Genträger zu sein, ist deshalb für beide Frauen geringer als $1/4$.
E. Nur im Fall der Frau B ist die Möglichkeit der Neumutation und deshalb ein niedrigeres Risiko als $1/4$ zu erwägen.

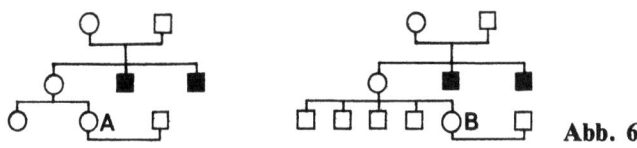

Abb. 6

Es handelt sich um eine echte Prüfungsfrage.
Antwort C ist richtig.

Frau A ist mit der Wahrscheinlichkeit $1/4$ Genträgerin, weil ihre Mutter als Schwester von 2 Brüdern mit Hämophilie A, das Risiko $1/2$ hat, Konduktorin des Hämophiliegens zu sein.

Für Frau B ist zunächst das gleiche Risiko anzunehmen, weil auch ihre Mutter das Risiko $1/2$ hat, Genträgerin zu sein. Wäre die Mutter von Frau B jedoch Konduktorin, so müßten 50% ihrer Söhne an Hämophilie erkrankt sein. Da aber alle 4 gesund sind, ist es relativ unwahrscheinlich, daß sie Konduktorin ist und dementsprechend gering ist das Risiko für Frau B, Trägerin dieses Gens zu sein.

Frage 125: Welcher Anteil der Kinder sicherer Konduktorinnen der Duchenneschen Muskeldystrophie wird durchschnittlich betroffen sein?

A. Sämtliche Söhne
B. 50% der Söhne
C. 25% der Söhne
D. Sämtliche Töchter
E. 50% der Töchter

Es handelt sich um eine echte Prüfungsfrage.
Antwort B ist richtig.

Bei der Muskeldystrophie vom Typ Duchenne handelt es sich um eine X-chromosomal recessive Erbkrankheit, so daß eine sichere Konduktorin an die Hälfte ihrer Söhne das X mit der krankmachenden Anlage weitergibt, wodurch diese erkranken, weil sie für dieses Gen hemizygot sind (siehe auch Fragen 67, 69). Von den Töchtern erben ebenfalls 50% dieses Gen, sie erkranken jedoch nicht, weil sie ein zweites gesundes X-Chromosom besitzen.

Der Konduktorinnennachweis ist bei der Duchenneschen Muskeldystrophie noch nicht mit der wünschenswerten Sicherheit möglich. Mit Hilfe von Enzymbestimmungen (insbesondere Kreatinphosphokinase), der mikroskopischen Beurteilung einer Muskelbiopsie und des Elektromyogramms können derzeit etwa 70% der Genträgerinnen sicher erfaßt werden.

Frage 126: Eine Frau, deren Bruder an Muskeldystrophie (Typ Duchenne) erkrankt ist, hat einen Sohn, der an derselben Krankheit leidet. Wie groß ist das Risiko für einen weiteren Sohn dieser Frau, an Muskeldystrophie zu erkranken?

A. $1/4$
B. $1/2$
C. $2/3$
D. $3/4$
E. Das Risiko läßt sich ohne Bestimmung der Kreatin-Phosphokinase bei der Mutter nicht angeben.

Es handelt sich um eine echte Prüfungsfrage.
Antwort B ist richtig.

Da die Frau sowohl einen erkrankten Bruder als auch einen betroffenen Sohn hat, steht fest, daß sie das krankmachende Gen trägt. Wäre nur ein erkrankter Sohn bekannt, so könnte auch eine Neumutation vorliegen und das Risiko für weitere Söhne wäre niedriger anzusetzen, da bei der Duchenneschen Muskeldystrophie ein relativ hoher Prozentsatz (ca. 30%) der Fälle durch Neumutation verursacht wird.

Frage 127: Welche Antwort trifft zu?
Bei angeborener Hüftluxation beträgt das Risiko für Geschwister eines Kranken 3–5%, gleichfalls betroffen zu sein. Wenn schon zwei Geschwister betroffen sind, ist das Risiko für ein weiteres

A. gleichfalls 3–5%
B. höher als 3–5%
C. niedriger als 3–5%
D. 25%
E. vom Alter des Vaters abhängig

Es handelt sich um eine echte Prüfungsfrage.
Antwort B ist richtig.

Bei der Hüftluxation handelt es sich um ein polygen bzw. multifaktoriell bedingtes Leiden. Bei der Entstehung spielt vor allem eine zu flache Ausprägung der Hüftgelenkspfanne und eine allgemeine Bindegewebsschwäche eine Rolle. Disponierend wirkt auch eine Beckenendlage des Kindes. Es besteht eine Gynäkotropie (Bevorzugung des weiblichen Geschlechts) von etwa 5 : 1.

Wegen der polygenen Grundlage kann das Wiederholungsrisiko nicht auf Grund der Mendelschen Regeln angegeben werden, sondern es existieren nur empirische Daten aus Familienuntersuchungen. Aus diesen geht hervor, daß bei 2 bereits betroffenen Geschwistern das Risiko für ein weiteres Kind bei etwa 10% liegen dürfte (siehe auch Fragen 79, 81).

Frage 128: Welche Aussage trifft zu?
Eine Patientin ist wegen eines angeborenen Ventrikelseptumdefektes operiert worden und fragt nach der Erkrankungswahrscheinlichkeit für eigene Kinder. Ihre Familien- und Schwangerschaftsanamnesen weisen keine Besonderheit auf.

A. Es besteht kein erhöhtes Risiko, da kardiovaskuläre Fehlbildungen ganz überwiegend auf exogene Faktoren zurückzuführen sind.
B. Das Risiko beträgt zwischen 1 und 4%.
C. Das Risiko beträgt etwa 10%.
D. Das Risiko beträgt 25%, da autosomal-recessiver Erbgang anzunehmen ist.
E. Das Risiko beträgt etwas weniger als 50%, da dominante Vererbung mit verminderter Penetranz zu erwarten ist.

Es handelt sich um eine echte Prüfungsfrage.
Antwort B ist richtig.

Bei einem Ventrikelseptumdefekt ist, wie bei fast allen übrigen angeborenen Herzfehlern, eine multifaktorielle Vererbung anzunehmen, wenn keine Anhaltspunkte für eine teratogene Schädigung während der Frühschwangerschaft (beispielsweise durch Röteln) gegeben sind. Das Zusammenwirken genetischer und exogener Faktoren stellt man sich bei den angeborenen Herzfehlern so vor, daß durch ein Zusammentreffen mehrerer Gene eine Disposition für Herzfehler entsteht, so daß auch geringe teratogene Einflüsse zur Manifestation führen können. Für dieses Modell spricht auch, daß beispielsweise beim Vorliegen eines Ventrikelseptumdefektes bei der Mutter, das Risiko des Kindes nicht nur für diesen, sondern generell für Herzfehler erhöht ist.

Eine gewisse Ausnahme stellen die Vorhofseptumdefekte dar, weil bei ihnen in mehreren Familien ein eindeutig dominanter Erbgang beobachtet wurde. In diesen Fällen ist das Risiko dann auch nur für diese Form des Herzfehlers erhöht.

Frage 129: Welche Aussage trifft zu?
Wenn gesunden Eltern bereits ein Kind mit Klumpfuß geboren wurde, ist ein Klumpfuß bei einem weiteren Kind zu erwarten

A. in 50%
B. in etwa 33%
C. in 25%
D. in 3−6%
E. nicht häufiger als in der Allgemeinbevölkerung

Es handelt sich um eine echte Prüfungsfrage.
Antwort D ist richtig.

Beim Klumpfuß handelt es sich um ein polygenes bzw. multifaktoriell bedingtes Leiden, es liegen daher nur empirische Risikoschätzungen vor. In Europa ist etwa jeder 1000ste Neugeborene betroffen. Wenn bereits ein Kind mit Klumpfuß geboren wurde, kann daraus geschlossen werden, daß bei den Eltern mehrere Gene für diese Mißbildung vorhanden sind, so daß das Risiko für die Geburt eines weiteren betroffenen Kindes deutlich erhöht ist. Bei einem erkrankten Knaben ist mit einem Wiederholungsrisiko von etwa 2% zu rechnen, bei einem Mädchen mit etwa 6%. Wenn noch mehr Familienmitglieder betroffen sind, steigt das Risiko weiter an.

Frage 130: Empirische Erbprognoseziffern bei Schizophrenie kommen in der genetischen Beratung zur Anwendung,
weil
aufgrund der Ergebnisse der Zwillingsforschung eine starke Beteiligung exogener Faktoren beim Zustandekommen von Schizophrenie anzunehmen ist.

A. Aussagen 1 und 2 sind richtig, Verknüpfung ist richtig.
B. Aussagen 1 und 2 sind richtig, Verknüpfung ist falsch.
C. Aussage 1 ist richtig, Aussage 2 ist falsch.
D. Aussage 1 ist falsch, Aussage 2 ist richtig.
E. Aussagen 1 und 2 sind falsch.

Es handelt sich um eine echte Prüfungsfrage.
Antwort B wird vom Institut für Prüfungsfragen als richtige Antwort bezeichnet. Es erscheint jedoch fraglich, ob nicht doch ein logischer Zusammenhang zwischen beiden Aussagen besteht, so daß eher Antwort A zutrifft.

Wie schon bei Frage 85 erwähnt, wird bei Schizophrenie ein multifaktorieller Erbgang vermutet. Diese Vermutung beruht vor allem auf Zwillingsuntersuchungen, die ergeben haben, daß auch eineiige Zwillinge keine 100%ige Konkordanz zeigen, sondern nur zu etwa 70% beide erkranken. Daraus geht hervor, daß neben starken genetischen Faktoren offensichtlich auch die Umwelt zur Auslösung dieser Krankheit beiträgt.

Durch den Einfluß mehrerer genetischer Faktoren und exogener Einwirkungen, ist ein klar abgrenzbarer Erbgang nicht mehr zu erkennen und man ist für die Risikoabschätzung auf die Ergebnisse von Familienuntersuchungen angewiesen. Da bei solchen Untersuchungen Auslesefehler fast nie zu vermeiden sind, können die daraus errechneten Werte stark voneinander abweichen. Dies hat gerade bei der Schizophrenie und anderen Psychosen dazu geführt, daß die genetische Komponente lange Zeit nicht genügend berücksichtigt wurde. Heute kann jedoch weder bei der Schizophrenie noch bei den manisch-depressiven Psychosen der überwiegende Einfluß der Erbanlagen ernsthaft angezweifelt werden.

Frage 131: Welche Aussage trifft zu?
Ein Mann mit operierter Lippen-Kiefer-Gaumenspalte fragt nach dem Risiko für seine Kinder, die gleiche Mißbildung zu bekommen. Die Schätzung des Risikos

A. erfolgt nach den Mendelschen Regeln
B. erfolgt auf Grund empirischer Risikoziffern
C. wird nach den theoretischen Aufspaltungsziffern der polygenen Vererbung berechnet
D. ist nur möglich auf Grund des histologischen Befundes
E. erfordert in jedem Falle eine Chromosomenanalyse.

Es handelt sich um eine echte Prüfungsfrage.
Antwort B ist richtig.

Bei der isolierten Lippen-Kiefer-Gaumenspalte wird wie bei anderen multifaktoriell bedingten Leiden vermutet, daß bei der Entstehung sowohl exogene als auch genetische Faktoren eine Rolle spielen. Die empirischen Risikoziffern besagen, daß durch das Betroffensein eines Verwandten ersten Grades das Risiko für Kinder auf etwa 4% steigt. In Mitteleuropa kommen Lippen-Kiefer-Gaumenspalten mit einer Häufigkeit von ca. 0,1% vor, Knaben sind häufiger betroffen als Mädchen.

Es ist zu beachten, daß Lippen-Kiefer-Gaumenspalten in Kombination mit zahlreichen anderen Mißbildungen auftreten können, und daß in diesen Fällen auch Mendelsche Erbgänge vorkommen.

Frage 132: Durch Chromosomenanalysen bei einem mongoloiden Kind und seinen Eltern kann geklärt werden, welches Erkrankungsrisiko für weitere Geschwister besteht
weil
das Erkrankungsrisiko für weitere Geschwister davon abhängig ist, ob bei dem erkrankten Kind eine freie Trisomie 21 oder eine Translokation des Chromosoms 21 vorliegt, und ob bei einem Elternteil eine balancierte Translokation des Chromosoms 21 gefunden wird.

A. Aussagen 1 und 2 sind richtig, Verknüpfung ist richtig.
B. Aussagen 1 und 2 sind richtig, Verknüpfung ist falsch.
C. Aussage 1 ist richtig, Aussage 2 ist falsch.
D. Aussage 1 ist falsch, Aussage 2 ist richtig.
E. Aussagen 1 und 2 sind falsch.

Es handelt sich um eine echte Prüfungsfrage.
Antwort A ist richtig.

Inhaltlich ist die obige Frage weitgehend identisch mit Frage 33, so daß auf die Erklärungen verwiesen werden kann. Es soll hier nur noch einmal betont werden, daß der Nachweis einer Translokation bei dem mongoloiden Kind noch nicht ausreicht, um die erbliche Form des Down-Syndroms anzunehmen, weil auch die Translokationstrisomie überwiegend spontan entsteht. D/G-Translokationen sind etwa zu 40% erblich, G/G-Translokationen nur zu ca. 10%.

Frage 133: Wie groß ist das empirische Erkrankungsrisiko für Kinder eines Schizophrenen?

A. 10−15%
B. 20−25%
C. 40−55%
D. 60−80%
E. 100%

Es handelt sich um eine Prüfungsfrage, die aus einer Fragensammlung von Studenten stammt. Die Formulierung der Originalfrage kann daher etwas abweichen.
Antwort A ist richtig.

Die Erkrankungswahrscheinlichkeit von Kindern eines Betroffenen liegt deutlich höher als bei den sonstigen multifaktoriellen Erbleiden, was dazu geführt hat, daß für die Schizophrenie Heterogenie angenommen wird (siehe Frage 130). Neben der Gefahr schizophren zu werden, besteht ein zusätzliches Risiko an anderen psychischen Störungen zu erkranken.

Unter Schizophrenie versteht man eine schubweise verlaufende Psychose, die mit Störungen des Denkprozesses und Veränderungen der Gefühle, Sinnestäuschungen und Wahnvorstellungen einhergeht. Sie ist eine der häufigsten Geisteskrankheiten, da bei etwa 1% der Bevölkerung mit dem Auftreten zu rechnen ist.

Frage 134: Das Auftreten habitueller Aborte ist eine Indikation für eine Chromosomenanalyse bei den Eltern,
weil
Chromosomenaberrationen in einem Teil der Fälle die Ursache für das Auftreten habitueller Aborte sind.

A. Aussagen 1 und 2 sind richtig, Verknüfung ist richtig.
B. Aussagen 1 und 2 sind richtig, Verknüpfung ist falsch.
C. Aussage 1 ist richtig, Aussage 2 ist falsch.
D. Aussage 1 ist falsch, Aussage 2 ist richtig.
E. Aussagen 1 und 2 sind falsch.

Es handelt sich um eine echte Prüfungsfrage.
Antwort A ist richtig.

In der Allgemeinbevölkerung kommen balancierte Chromosomenaberrationen in Form einer reziproken Translokation, einer zentrischen Fusion oder einer Inversion mit einer Häufigkeit von etwa 1 : 500 vor. Da bei diesen strukturellen Veränderungen des Chromosomensatzes kein genetisches Material verlorengegangen oder hinzugekommen ist, sind die Träger dieser Anomalien phänotypisch unauffällig. Es besteht aber die Gefahr, daß in ihren Keimzellen unbalancierte Karyotypen entstehen, die zu Zygoten mit partiellen Monosomien und Trisomien führen können. Diese Störungen in der genetischen Ausstattung des heranwachsenden Embryos führen in vielen Fällen dazu, daß es in einem mehr oder minder frühen Stadium der Schwangerschaft zum Spontanabort kommt. Mehrere gynäkologisch nicht erklärbare Aborte stellen daher eine Indikation zur Chromosomenanalyse dar.

Frage 135: Welche Aussage trifft *nicht* zu?
Die Amniozentese dient in verschiedener Hinsicht zur vorgeburtlichen Diagnostik, u. a. für die

A. Diagnose einer Trisomie bei dem zu erwartenden Kind einer älteren Mutter
B. Diagnose einer chromosomalen Translokation
C. Geschlechtsdiagnose des zu erwartenden Kindes
D. Diagnose einer Zwillingsschwangerschaft
E. Diagnose bestimmter recessiver Stoffwechselerkrankungen.

Es handelt sich um eine echte Prüfungsfrage.
Antwort D ist richtig.

Die Feststellung einer Zwillingsschwangerschaft ist durch die Amniozentese im allgemeinen nicht möglich, da an den durch die Punktion gewonnenen Zellen nur dann das Vorliegen von zwei Kindern erkannt werden kann, wenn sie verschiedengeschlechtlich sind und wenn nur eine Amnionblase vorliegt.

Da durch die Amniozentese foetale Zellen gewonnen werden, die sich in der Gewebekultur anzüchten lassen, ist es möglich, den Chromosomensatz des Foeten zu bestimmen und damit Chromosomenaberrationen wie Trisomien oder Translokationen zu diagnostizieren. Gleichzeitig ist auch eine Geschlechtsbestimmung möglich. Sowohl an den Zellen als auch an der Amnionflüssigkeit können biochemische Untersuchungen durchgeführt werden, die eine Diagnose von derzeit etwa 30 Stoffwechselstörungen erlauben.

Frage 136: Durch Amniozentese und Untersuchung des Fruchtwassers und/oder der Amnionzellen nach deren Kultivierung können bereits in der Frühschwangerschaft außer dem Geschlecht und dem Chromosomenstatus des Foeten folgende Diagnosen gestellt werden:

1. Das Alter der Schwangerschaft.
2. Das Vorliegen von Verschlußstörungen des Neuralrohres (Anenzephalie, Spina bifida).
3. Das Vorliegen bestimmter Stoffwechselstörungen.
4. Das Vorliegen von Lippen-Kiefer-Gaumenspalten, Extremitätenmißbildungen oder eines angeborenen Herzfehlers.

A. 3 und 4 sind richtig.
B. Nur 2 und 3 sind richtig.
C. nur 1 und 2 sind richtig.
D. Nur 1 und 3 sind richtig.
E. Nur 2, 3 und 4 sind richtig.

Es handelt sich um eine echte Prüfungsfrage.
Antwort B ist richtig.

Bei der Amniozentese werden Fruchtwasser und Zellen gewonnen. Aus keinem dieser Materialien lassen sich Hinweise für das Alter der Schwangerschaft gewinnen oder eine der unter 4. aufgezählten Mißbildungen diagnostizieren.

Aussagen zu diesen Fragen könnte nur die Foetoskopie liefern. Bei dieser Methode wird ebenfalls die Amnionblase punktiert, allerdings wird eine relativ großlumige Kanüle benutzt, durch die eine Fiberglasoptik in die Amnionhöhle eingeführt wird, so daß der Foetus einer Adspektion unterzogen werden kann. Die Foetoskopie ist jedoch noch nicht routinemäßig einsetzbar und das Risiko ist erheblich höher als bei einer Amniozentese.

Offene Neuralrohrdefekte größeren Ausmaßes können durch eine Amniozentese diagnostiziert werden, da beim Vorliegen solcher Verschlußstörungen im Fruchtwasser das sogenannte Alpha-Fetoprotein in erhöhten Konzentrationen auftritt. Diese Erhöhung kommt dadurch zustande, daß das in normaler Menge im Fetus gebildete Alpha-Fetoprotein durch die Neuralrohrdefekte vermehrt ins Fruchtwasser gelangt. Bei gedeckten Defekten ist es daher nicht vermehrt. Die höchsten Konzentrationen sind zwischen der 14. und 16. Schwangerschaftswoche zu erwarten. Neben der Alpha-Fetoproteinbestimmung im Fruchtwasser ist auch eine Untersuchung im mütterlichen Blut möglich. Allerdings werden mit dieser Methode nur etwa 60% der Neuralrohrdefekte erfaßt, während durch Fruchtwasseruntersuchung 90% der Fälle erkannt werden.

Untersuchungen auf Stoffwechselstörungen sind, wie bereits erwähnt, möglich.

Beim Vorliegen einer schwerwiegenden Erkrankung oder Mißbildung des Feten ist nach heutiger Rechtslage eine Interruptio bis zur 22. Schwangerschaftswoche erlaubt. Das gleiche gilt, wenn auf Grund der Familienanamnese ein hohes Risiko besteht, daß das Kind geistig oder körperlich behindert sein wird.

Frage 137: Welche der im folgenden genannten Indikationen zur pränatalen Diagnostik trifft *nicht* zu?

A. Vorliegen einer balancierten Translokation 21/22 bei einem Elternteil.
B. Vorliegen von Mosaikmongolismus bei einem Elternteil.
C. Alter der Schwangeren über 40 Jahre.
D. Vorliegen einer balancierten Translokation 21/21 bei einem Elternteil.
E. Vorliegen einer balancierten Translokation D/G bei einem Elternteil.

Es handelt sich um eine echte Prüfungsfrage.
Antwort D ist richtig.

Wenn eine 21/21 Translokation bei einem Elternteil festgestellt wurde, kann bei ihm in der Meiose keine normale Keimzelle entstehen, da bei der Aufteilung der Homologen immer entweder beide Chromosomen 21 oder kein Chromosom 21 in die Tochterzellen übergehen können. Die Zelle mit dem Chromosomenverlust wird absterben, die Zelle mit beiden Chromosomen 21 wird durch die Befruchtung zu einer Zygote mit Trisomie 21, so daß man mit 100%iger Sicherheit vorhersagen kann, daß dieses Ehepaar nur Kinder mit Down-Syndrom bekommen kann. Eine pränatale Diagnostik erübrigt sich unter diesen Umständen natürlich.

Beim Vorliegen anderer balancierter Translokationen bei einem Elternteil (mit Ausnahme zentrischer Fusionen zwischen zwei

Homologen, wie sie oben am Beispiel einer 21/21-Translokation beschrieben ist), besteht ein erhöhtes Risiko für mißgebildete Kinder, so daß eine pränatale Diagnostik angezeigt ist. Das empirische Risiko ist allerdings nicht so hoch, wie man theoretisch annehmen könnte, weil bis auf wenige Ausnahmen entweder wieder ein balancierter Chromosomensatz oder ein ganz normaler Karyotyp entsteht (siehe auch Frage 24).

Bei einem mütterlichen Alter von über 40 Jahren besteht ein Risiko von mehreren Prozent für Chromosomenfehlverteilungen (siehe auch Frage 32).

Beim Vorliegen einer trisomen Zellinie bei einem Elternteil ist das Risiko für geschädigte Kinder auch deutlich erhöht, die Höhe des Risikos kann jedoch nicht genauer vorhergesagt werden, weil unbekannt ist, wie viele Keimzellen die Trisomie tragen. Eine pränatale Diagnostik ist daher in einem solchen Fall besonders wichtig.

Frage 138: Mittels Amniozentese können gegenwärtig in der Frühschwangerschaft (16.–18. Woche) diagnostiziert bzw. ausgeschlossen werden:

1. Das Geschlecht des Kindes.
2. Das Vorliegen von Anomalien der Chromosomenzahl des Kindes.
3. Das Vorliegen von Verschlußstörungen des Neuralrohres.
4. Das Vorliegen bestimmter Stoffwechselstörungen, insbesondere von Enzymdefekten.
5. Das Vorliegen von Anomalien der Struktur einzelner Chromosomen des Kindes.

A. Nur 1 und 2 sind richtig.
B. Nur 1, 3 und 4 sind richtig.
C. Nur 2, 3 und 5 sind richtig.
D. Nur 1, 2, 4 und 5 sind richtig.
E. 1–5 = alle sind richtig.

Es handelt sich um eine echte Prüfungsfrage.
Antwort E ist richtig (siehe vorangegangene Fragen).

Frage 139: Es ist möglich, aus Fruchtwasserzellen in der 16. Schwangerschaftswoche folgendes (auch ohne Zellkultur) festzustellen:

A. Ein überzähliges Autosom (Trisomie 21).
B. Ein geschädigtes Autosom.
C. Ein überzähliges Gonosom (Klinefelter).
D. Ein geschädigtes Gonosom.
E. Sekretdefekt exokriner Drüsen bei Mucoviscidose.

Es handelt sich um eine Prüfungsfrage, die aus einer Fragensammlung von Studenten stammt. Die Formulierung der Originalfrage kann daher etwas abweichen.
Antwort C ist richtig.

An den Fruchtwasserzellen kann man auch ohne Anzüchtung eine Geschlechtschromatinbestimmung vornehmen, wodurch das überzählige X-Chromosom eines Klinefelter-Patienten nachgewiesen werden kann, weil es inaktiviert wird und als Barr-body in Erscheinung tritt.

Der Nachweis autosomaler Chromosomenaberrationen (A und B), sowie struktureller Veränderungen an Geschlechtschromosomen (D) ist nur durch eine Chromosomenanalyse möglich, die das Vorhandensein von sich teilenden Zellen voraussetzt.

Eine pränatale Diagnose der Mucoviscidose (E) ist bisher mit der notwendigen Sicherheit noch nicht möglich.

Abschnitt 11: Möglichkeiten des genetischen Abstammungsnachweises

Frage 140: Welche Aussage trifft zu?
Bei strittiger Vaterschaft ist das wichtigste Beweismittel, das also in der Regel zuerst zu fordern ist:

A. Das Tragezeitgutachten.
B. Die Blutgruppenuntersuchung.
C. Die Untersuchung der Verträglichkeit im Rhesussystem.
D. Die Untersuchung und der Vergleich der Finger- und Fußabdrücke.
E. Der biologische Ähnlichkeitsvergleich.

Es handelt sich um eine echte Prüfungsfrage.
Antwort B ist richtig.

Mit Hilfe der bisher üblichen Blutgruppenuntersuchung können etwa 95% aller Nichtväter ausgeschlossen werden, so daß sich diese Untersuchung vor allem auch wegen ihrer unproblematischen Durchführung als wichtigstes Beweismittel anbietet. Die hohe Aussagekraft der Blutgruppenbestimmung beruht darauf, daß hier nur monogene Merkmale erfaßt werden, und daß zahlreiche Systeme zur Verfügung stehen. Man unterscheidet Blutkörperchenmerkmale (z. B.: AB0, Rhesus, MNSs, Duffy, Kidd, Kell), Serum-Merkmale (z. B.: Immunglobulin-System, Haptoglobin-System) und erythrozytäre Enzym-Merkmale (z. B.: saure Adenylatkinase). Alle diese Systeme zeigen einen genetischen Polymorphismus, der die Feststellung erlaubt, ob der Genotyp des Kindes und des angeblichen Vaters vereinbar ist oder nicht. In neuester Zeit wird auch das HLA-System für die Vaterschaftsbegutachtung herangezogen (siehe auch Frage 149).

Frage 141: Das Serum eines Blutspenders der Blutgruppe A_1 agglutiniert in der Regel Erythrozyten der Blutgruppe

1. A_2
2. B
3. A_1B
4. 0

A. Nur 4 ist richtig.
B. Nur 1 und 2 sind richtig.
C. Nur 1 und 4 sind richtig.
D. Nur 2 und 3 sind richtig.
E. Nur 1, 2 und 3 sind richtig.

Es handelt sich um eine echte Prüfungsfrage, die allerdings nicht unbedingt dem Fachgebiet Humangenetik zuzurechnen ist. Eine Besprechung erscheint jedoch sinnvoll, weil die Blutgruppen auch in zahlreichen humangenetischen Fragen eine Rolle spielen.
Antwort D ist richtig.

Von der Blutgruppe A sind insgesamt 6 Untergruppen bekannt, aber nur A_1 und A_2 treten häufig auf. A_1 ist dominant über A_2. Beim Vorliegen des Blutgruppenantigens A_1 kommen im Serum keine Antikörper gegen A-Untergruppen vor, bei A_2-Antigenen können jedoch Antikörper gegen A_1 gebildet werden. Gegen die Blutgruppe 0 gibt es keine Antikörper, weil beim Vorhandensein dieser Blutgruppe an den Erythrozyten weder A- noch B-Antigene vorhanden sind.

Erythrozyten mit dem Antigen B (von dem es noch 2 sehr seltene Untergruppen gibt) werden jedoch immer vom Serum eines Spenders mit der Blutgruppe A_1 agglutiniert, unabhängig davon, mit welcher anderen Blutgruppe eine Kombination besteht.

Frage 142: Im menschlichen Blutserum der Blutgruppe B findet man

A. Anti-A-Körper
B. B-Antigene
C. A-Antigene
D. Anti-B-Körper
E. A-Antigene und Anti-B-Körper

Es handelt sich um eine Prüfungsfrage aus einer Fragensammlung von Studenten. Die Formulierung der Originalfrage kann daher etwas abweichen.
Antwort A ist richtig.

Im Serum kommen nur Antikörper vor, während die Antigene an der Oberfläche der Erythrozyten lokalisiert sind. Beim Vorliegen von Antigen B können im Serum nur Anti-A-Körper vorkommen, da sonst eine Agglutination eintreten würde. Entsprechend kommen bei der Blutgruppe A keine Anti-B-Körper vor. Bei der Blutgruppe 0, die dadurch charakterisiert ist, daß weder A- noch B-Antigene vorhanden sind, kommen im Serum sowohl Anti-A- als Anti-B-Körper vor. Umgekehrt sind bei der Blutgruppe AB keinerlei Antikörper nachweisbar.

Frage 143: Welches der im folgenden genannten Antigene des Rhesus-Systems hat die stärkste immunisierende Wirkung?
A. „C"
B. „E"
C. „D"
D. „C"
E. „e"

Es handelt sich um eine echte Prüfungsfrage, die aber wahrscheinlich nicht zum Sachgebiet „Humangenetik" gehört. Sie soll hier trotzdem besprochen werden, weil das Rhesus-System auch in humangenetischen Fragen eine Rolle spielen kann.
Antwort C ist richtig.

Dem Rhesus-System liegt wahrscheinlich ein Komplex aus 3 enggekoppelten Genen zugrunde. Am ersten Genort sind die Allele C, c und C^w bekannt, am zweiten D,d und am dritten E,e. Alle Allele, mit Ausnahme „d", können durch spezifische Antiseren nachgewiesen werden. Das durch das Allel „D" determinierte Antigen hat eine stärkere immunisierende Wirkung als alle übrigen Antigene, so daß beim Vorhandensein von „D" immer eine starke Reaktion mit Kombinationsseren erfolgt. Man hat daher früher nur Rh-positiv (D vorhanden) und Rh-negativ (D nicht vorhanden) unterschieden.

Erst wenn mit Hilfe der Blutgruppenuntersuchung die Vaterschaft nicht mit der vom Gericht geforderten Sicherheit (99,7%) geklärt werden kann, wird die Durchführung eines erbbiologischen Ähnlichkeitsvergleiches notwendig. Dabei werden zahlreiche phänotypische Merkmale (z. B. Hautleisten, Irisstruktur, Gesichtsform, Kopfform) auf Ähnlichkeiten zwischen Kind und Präsumptivvater untersucht (polysymptomatischer Ähnlichkeitsvergleich). Obwohl alle diese Merkmale eine unklare genetische Grundlage haben, erlaubt der Vergleich einer großen Zahl von Merkmalen doch Aussagen über die Wahrscheinlichkeit, mit der der angeschuldigte Mann tatsächlich als Vater in Frage kommt. Da viele dieser Merkmale bei Säuglingen noch nicht feststellbar sind, wird empfohlen, eine erbbiologische Untersuchung erst ab dem 3. Lebensjahr durchzuführen.

Eines der wichtigsten Systeme für das erbbiologische Gutachten stellt das unter D angesprochene Hautleisten- und Furchenmuster dar, da zahlreiche klar abgrenzbare Merkmale unterschieden werden können, die eine hohe Aussagekraft haben.

Das Tragezeitgutachten wird zwar bei der Vaterschaftsbegutachtung mitverwendet, es hat aber nur eine sehr geringe Aussagekraft, da die Dauer der Schwangerschaft sehr unterschiedlich sein kann. Um auch die extremsten Möglichkeiten abzudecken, wird vom Gesetzgeber eine Tragzeit zwischen 180 und 320 Tagen angenommen.

Frage 144: Das erste Kind eines Paares hat die Blutgruppe AB, das zweite die Blutgruppe 0. Die Paternität ist gesichert.
Welche der folgenden Blutgruppenkonstellationen haben die Eltern?

A. Vater 0, Mutter A oder B.
B. Vater 0, Mutter AB.
C. Vater AB, Mutter A.
D. Vater A, Mutter B.
E. Die angegebene Blutgruppenkonstellation ist bei Geschwistern unmöglich.

Es handelt sich um eine echte Prüfungsfrage.
Antwort D ist richtig.

Beim ersten Kind geht aus der phänotypischen Blutgruppenkonstellation auch der Genotyp hervor, da die Blutgruppenantigene A und B sich zueinander kodominant verhalten, so daß die Blutgruppe AB entsteht. Die Blutgruppe 0 des zweiten Kindes läßt ebenfalls den zugrunde liegenden Genotyp erkennen, weil diese Blutgruppe sich nur dann ausprägt, wenn die Anlagen dafür homozygot sind, also 00. Hiermit sind die Blutgruppengene des AB0-Systems der Kinder bekannt, und man kann daraus schließen, daß ein Elternteil die Konstellation A0 und der andere B0 besitzen muß. Bei allen übrigen angegebenen Konstellationen ist eine der für die Kinder angegebenen Blutgruppen nicht möglich.

Frage 145: Welche Aussage trifft zu?
Eine Frau hat Blutgruppe B, ihr Vater und ihr Ehemann haben Blutgruppe 0. Aus dieser Ehe können Kinder hervorgehen mit der Blutgruppe:

A. Nur B
B. Nur 0
C. B oder 0
D. AB oder B
E. Gelegentlich A

Es handelt sich um eine echte Prüfungsfrage.
Antwort C ist richtig.

Da von der Frau mit Blutgruppe B bekannt ist, daß ihr Vater der Blutgruppe 0 angehörte, kann daraus geschlossen werden, daß sie selbst den Genotyp B0 besitzt. Aus einer Verbindung mit einem Mann der Blutgruppe 0 gehen daher Kinder mit der Blutgruppe B und 0 im Verhältnis 1 : 1 hervor.

Frage 146: Eltern, die beide der Blutgruppe B angehören, können kein Kind mit der Blutgruppe 0 haben,
weil
das Blutgruppengen B dominant über das Blutgruppengen 0 ist.

A. Aussagen 1 und 2 sind richtig, Verknüpfung ist richtig.
B. Aussagen 1 und 2 sind richtig, Verknüpfung ist falsch.
C. Aussage 1 ist richtig, Aussage 2 ist falsch.
D. Aussage 1 ist falsch, Aussage 2 ist richtig.
E. Aussagen 1 und 2 sind falsch.

Es handelt sich um eine echte Prüfungsfrage.
Antwort D ist richtig.

Eltern, die phänotypisch die Blutgruppe B haben, können als Genotyp entweder BB oder B0 besitzen. Für den Fall, daß beide B0 aufweisen, werden 25% ihrer Nachkommen den Genotyp 00 besitzen, und damit phänotypisch die Blutgruppe 0 aufweisen. Die übrigen 75% der Nachkommenschaft besitzen phänotypisch die Blutgruppe B, zerfallen aber genotypisch in 25% homozygote BB-Träger und 50% heterozygote B0-Träger, weil das Blutgruppengen B dominant über 0 ist.

Wenn einer der beiden Eltern den Genotyp BB besitzen würde, könnte tatsächlich kein Nachkomme die Blutgruppe 0 haben, weil er auf jeden Fall immer ein B-Allel erben müßte.

Frage 147: Die Eltern eines Mannes haben beide die Blutgruppe AB, er selbst hat die Blutgruppe A, seine Frau die Blutgruppe B. Welche der folgenden Blutgruppen kann (können) bei Kindern aus dieser Verbindung auftreten?

1. A
2. B
3. AB
4. 0

A. Nur 3 ist richtig.
B. Nur 1 und 3 sind richtig.
C. Nur 2 und 4 sind richtig.
D. Nur 3 und 4 sind richtig.
E. Nur 1, 2 und 3 sind richtig.

Es handelt sich um eine echte Prüfungsfrage.
Antwort B ist richtig.

Aus der Angabe, daß beide Eltern des Mannes die Blutgruppe AB haben, läßt sich ableiten, daß er selbst den Genotyp AA haben muß. Da seine Frau die Blutgruppe B hat, die genotypisch nicht nur als BB, sondern auch als B0 festgelegt sein kann, sind bei der Nachkommenschaft die Blutgruppen A und AB möglich.

Ohne die Angabe der Blutgruppen bei den Eltern könnte der Mann auch den Genotyp A0 besitzen, so daß bei seinen Nachkommen auch die Blutgruppen 0 und B möglich wären.

Frage 148: Der Vater hat die Blutgruppe A_1, die Mutter die Blutgruppe A_2B. Folgendes Kind kann *nicht* vom genannten Vater sein

A. 0
B. B
C. A_2
D. AB
E. A_1

Es handelt sich um eine Prüfungsfrage, die aus einer Fragensammlung von Studenten stammt. Die Formulierung der Originalfrage kann daher etwas abweichen.
Antwort A ist richtig.

Da die Mutter sowohl das Blutgruppenantigen A als auch B besitzt, kann das Kind nicht die Blutgruppe 0 haben, weil dieses phänotypisch nur nachweisbar ist, wenn auf beiden Loci 0 vorliegt.

Von der Blutgruppe A sind insgesamt 6 Untergruppen bekannt, aber nur A_1 und A_2 treten häufig auf, wobei A_1 dominant über A_2 ist.

Frage 149: Welche Aussage trifft *nicht* zu:
Die Gewebsantigene des HLA-Systems

A. sind durch multiple Allele auf drei verschiedenen Loci bestimmt
B. können für die Beurteilung einer fraglichen Abstammung verwandt werden

C. lassen Beziehungen zu verschiedenen Krankheiten erkennen
D. sind für die Verträglichkeiten von Bluttransfusionen wichtig
E. haben Bedeutung für die Abstoßung bzw. das Angehen von Transplantaten.

Es handelt sich um eine echte Prüfungsfrage, die aber wahrscheinlich nicht dem Sachgebiet „Humangenetik" zuzurechnen ist. Sie wurde trotzdem aufgenommen, weil das HLA-System auch in der Humangenetik eine wichtige Rolle spielt.
Antwort D ist richtig.

Bei Transfusionszwischenfällen spielen nur die Erythrozytenantigene eine Rolle, weil nur sie eine Agglutination der roten Blutkörperchen verursachen können. Die stärksten Reaktionen werden durch Unverträglichkeit im AB0- und Rhesus-System hervorgerufen, Zwischenfälle sind aber auch im Duffy-System bekannt.
Bezüglich Aussage A und B siehe Fragen 139, 143.
Seit einigen Jahren ist bekannt, daß bestimmte HLA-Typen bei manchen Krankheiten gehäuft vorkommen. So findet sich beispielsweise das HLA B 27 bei über 90% der Patienten mit Morbus Bechterew. Auch bei anderen rheumatischen Erkrankungen ist dieser HLA-Typ sehr häufig.
Da das HLA-System die Grundlage für die zellständige Immunabwehr bildet, ist ein ungestörtes Einwachsen eines Transplantates nur zu erwarten, wenn Patient und Spender in den HLA-Typen übereinstimmen.

Frage 150: Beide Eltern eines eineiigen Zwillingspaares haben die Blutgruppe MN. Wie groß ist die Wahrscheinlichkeit, daß beide Zwillinge die Blutgruppe MN tragen?

A. 1
B. $3/4$
C. $1/2$
D. $1/4$
E. $1/16$

Es handelt sich um eine echte Prüfungsfrage.
Antwort C ist richtig.

Das MN-Blutgruppensystem beruht auf den Blutkörperchen-Merkmalen M und N, die kodominant vererbt werden, so daß beide phänotypisch in Erscheinung treten, wenn die Gene dafür vorhanden sind. Diese Konstellation ist für die Eltern angegeben. Die Wahrscheinlichkeit, mit der diese Blutgruppe bei den Nachkommen in Erscheinung tritt, ergibt sich aus den Kombinationsmöglichkeiten: je 25% der Kinder werden für dieses Merkmal MM bzw. NN aufweisen, 50% MN. Dieses Ergebnis ist unabhängig davon, daß es sich bei dem Nachwuchs um eineiige Zwillinge handelt. Die Eineiigkeit bewirkt lediglich, daß beide Zwillinge die gleiche Blutgruppe aufweisen, dadurch ist aber nicht festgelegt, welche Kombination bei ihnen in Erscheinung tritt.

Eng gekoppelt mit dem MN-System ist das Ss-System, so daß häufig auch von einem MNSs-System gesprochen wird. „S" ist dominant über „s", so daß die beiden Genotypen SS und Ss phänotypisch nicht unterscheidbar sind.

Frage 151: Bestimmungen der Faktoren im HLA-System sind auch für die Beurteilung einer fraglichen Vaterschaft sehr erfolgversprechend,
weil
beim HLA-System zahlreiche multiple Allele an verschiedenen Genloci einen hohen Grad von Polymorphismus in der Bevölkerung bedingen.

A. Aussagen 1 und 2 sind richtig, Verknüpfung ist richtig.
B. Aussagen 1 und 2 sind richtig, Verknüpfung ist falsch.
C. Aussage 1 ist richtig, Aussage 2 ist falsch.
D. Aussage 1 ist falsch, Aussage 2 ist richtig.
E. Aussagen 1 und 2 sind falsch.

Es handelt sich um eine echte Prüfungsfrage.
Antwort A ist richtig.

Das HLA-System hat seinen Namen daher, daß die ihm zugrunde liegenden Antigene zuerst auf den Lymphozyten entdeckt wurden (Human Lymphocyte Antigen). Inzwischen weiß man, daß sie an der Oberfläche aller Körperzellen vorkommen und als Transplantationsantigene für die Abstoßung von Gewebetransplantaten verantwortlich sind. Die entsprechenden Gene konnten auf dem kurzen Arm des Chromosoms 6 lokalisiert werden. Es scheint sich um einen Genkomplex aus 3, wahrscheinlich sogar 4, enggekoppelten Loci zu handeln, die alle einen starken Polymorphismus aufweisen.

Bis heute sind etwa 60 Allele des HLA-Systems bekannt, es werden aber noch immer neue gefunden. Auf Grund dieser hohen Variabilität ist die Wahrscheinlichkeit, daß zwei nicht miteinander verwandte Personen in diesem System Übereinstimmungen zeigen, sehr gering und dementsprechend hoch ist die Aussagekraft der HLA-Bestimmung bei der Begutachtung der Vaterschaft.

Seit einigen Jahren ist bekannt, daß bestimmte HLA-Typen bei manchen Krankheiten gehäuft vorkommen (z. B. HLA B 27 bei Morbus Bechterew und anderen rheumatischen Erkrankungen).

Sachverzeichnis

AB0-System 2, 72, 122, 125
Abort 19, 21, 30, 113
– habitueller 12
Abstammungsnachweis 120
Achondroplasie 35, 44, 46, 50, 79, 102
Adrenogenitales Syndrom 17, 18
Albinismus 1, 34, 99
Alkaptonurie 1
Alpha-Fetoprotein 114
Alters-Diabetes 68
Amniozentese 113, 114, 116
Anaphase 6
Androtropie 51, 62
Anenzephalie 114
Anticipation 41
Ataxie-Teleangiektasie 34
Apert-Syndrom 79
Aufspaltungsverhältnis 47
Augenfarbe 72, 73
Auslese 82, 85

Barr-Körperchen 6 f.
Binominalverteilung 54
Biozönose 80
Bloom-Syndrom 34
Bluterkrankheit 60, 104 f.
Blutgruppen 69, 117 f.
Brushfield-Spots 24

Chondrodystrophie 44, 45, 50, 103
Chorea Huntington 41, 50, 51

Chromosomenanalyse 5, 27, 50
Chromosomenbrüchigkeit 34
Chromosomenfehlverteilungen 20, 23, 116
Chromosomenreduplikation 6
Chromosomentranslokation 20
Colchizin 5, 6

Deletion 21
Deuteranopie 55, 57
Diabetes mellitus 67, 68
Diagnostik, pränatal 26, 30, 92, 113 f.
Diplo-Y-Mann 12
Diskordanz 71 f.
Down-Syndrom 24 f., 111, 115
Drillinge 74
Drumsticks 7

Edwards-Syndrom 25, 28, 31, 32
Eihautbefund 71
Eineiigkeit 71 f.
Enzymdefekt 18, 69, 91, 93, 96, 116
Erbgänge 35, 44, 53, 58, 65
– dominant 35 f., 55 f., 88, 101
– multifaktoriell 63, 64, 109
– polygen 42
– recessiv 4, 34 f., 42 f., 55, 68, 87 f., 97 f.
– X-gebunden 44, 88
Erkrankungsalter 45
Expressivität 40 f., 79, 90, 102
Extrachromosom 33

Fanconie-Anämie 34
Farbenblindheit 59, 60
Fascienbiopsie 5
F-body 10, 12
Fitness 85
Foetoskopie 114

Galaktosämie 50, 91 f.
Geburtsgewicht 72, 73
Genhäufigkeit 81 f.
Genkartierung 36
Genkopplung 56
Genlokalisation 36
Genpool 80, 81
Geschlechtsbegrenzung 61, 62
Geschlechtschromatin 5, 9
Geschlechtsdiagnose 113
Geschlechtsentwicklung 17, 20, 76
Gicht 62
Glatzenbildung 62
Glukose-6-Phosphat-Dehydrogenase 96
Glykogenosen 50
Gonadendysgenesie 13, 31
gonosomale Aberrationen 29
Gynäkotrophie 62, 107

Haarwurzelzellen 7, 8
Hämangiom 11, 24
Hämoglobin 2, 3
Hämophilie 50, 51, 60, 83, 104
Hardy-Weinberg-Gesetz 81 f.
Hautbiopsie 5
Hauttransplantation 71, 72, 76
Hellinsche Regel 74
Herzfehler 25, 75, 108, 114
Heterogenie 55, 62, 90, 97, 112
Heterozygotenfrequenz 81
Heterozygotennachweis 50, 92
Heterozygotie 43, 81
Hexadaktylie 24, 25
HLA-System 77, 120 f.
Homozygotie 44, 82, 86, 89
Hüftdysplasie 62

Hüftluxation 66, 74, 107
H-Y-Antigen 15
Hybridzellen 35, 36
Hyperphenylalaninämie 1
Hypertonie 66
Hypogonadismus 16, 17, 25
Hypophosphatämie 102
Hypophyseninsuffiziens 16, 17

Intelligenz 75
Interphase 6
Iso-X-Chromosom 31

Jodmangelstruma 75

Keimzelle 7, 8, 15, 78, 112, 115
Kernfarbstoffe 7
Kerngeschlecht 6, 7
Klinefelter-Syndrom 10, 12, 16, 31, 32, 119
Klinodaktylie 11, 24
Klumpfuß 108, 109
Knochenmark 5
Konduktorin 59, 60, 104 f.
Konkordanz 65, 71, 74, 75, 109
Kryptorchismus 16, 17

Letalfaktor 44
Leukämie 33
Lippen-Kiefer-Gaumen-Spalte 24, 25, 75, 110, 111, 114
Louis-Bar-Syndrom 34
Lyon-Hypothese 8

Malariaresistenz 89
Manifestation 40, 53, 62, 66, 68, 108
Marfan-Syndrom 34, 35, 79, 95
Merkmalsvariabilität 74, 95
Metaphase 5, 6, 31
Mikrophthalmie 24
MN-System 126
Mongolismus 24 f., 79, 115
monogen 66, 69, 72
Monosomie 19 f., 31, 32, 113

Mosaik 19, 27, 30
Mucoviscidose 50, 51, 119
mütterliches Alter 19, 26, 28, 69, 116
Mundschleimhautabstrich 5, 7, 11, 12
Muskelatrophie 98
Muskeldystrophie 55, 57, 79, 106, 107
Mutation 2, 8, 14, 49, 63, 78, 88
Mutationsrate 45, 46, 79, 85 f.
Myelose 33
Myositis ossificans 79

N-Acetyltransferase 96
Neumutation 39, 43, 48 f., 78, 86 f., 105, 107
Neuralrohranomalien 114, 115

Pätau-Syndrom 24, 28, 31, 32
Pankreasfibrose 51
Panmixie 83
Penetranz 39 f., 55, 102, 103, 108
Phänokopie 48, 49
Pharmakogenetik 89, 96
Phenylalanin 1, 91 f.
Phenylketonurie 1, 34, 35, 52, 82, 90 f., 101
Philadelphia-Chromosom 33
Phytohämagglutinin 5
Plazentation 75, 76
Pleiotropie 35, 90, 95
Polygenie 63, 90
Polymorphismen 2, 20, 22, 90, 120, 126
Polyphänie 35, 63, 90, 95
Polyploidie 33
polysymptomatischer Ähnlichkeitsvergleich 71, 121
Population 39, 80, 81, 83, 95
Populationsgenetik 80
Prophase 6
Protanomalie 57
Pseudocholinesterasemangel 96

Pseudodominanz 42, 48, 50, 60, 98
Pterygium 11, 13
Punktmutation 1, 4, 79
Pubertas praecox 16 f.
Pylorusstenose 50, 51

Rachitis, Vitamin-D resistent 102 f.
Rassen 81
Rhesussystem 118, 120, 125
Risikoziffern 99, 110
Rot-Grün-Schwäche 57

Schizophrenie 69, 70, 109 f.
Schwellenwert 67
Selektion 45, 46, 82, 88
Sichelzellanämie 4, 63
Spina bifida 79, 114
Spindelapparat 6
Stammbaum 98
Stoffwechselblockade 93, 94
Stoffwechseldefekt 4, 35, 52, 86, 107
Strukturgen 35

Taubheit 97
Taubstummheit 62, 97
Telophase 6
testikuläre Feminisierung 13, 14
Thalassämie 1
Tragezeitgutachten 120, 121
Transduktion 21
Transfer-RNA 3
Transkription 33, 93
Translation 3, 93
Translokation 19 f., 27, 28, 111 f.
Transplantationsantigene 77, 126
Triploidie 33
Triplo-X-Frauen 9, 11
Trisomie 19 f., 49, 79, 111 f.
Tritanomalie 57
Turner-Syndrom 11 f., 19, 26, 29 f., 55, 79
Tyrosinämie 1

Umweltfaktoren 64 f., 69, 70, 74

Veitstanz 41, 50, 51
Ventrikelseptumdefekt 108
Verwandtenehen 47, 53, 85 f., 101
Vorhofsseptumdefekt 108

Weinbergkorrektur 87

X-Chromatin 6 f.
X-Chromosom 8 f., 23, 30 f., 55 f., 102 f., 119

X-Inaktivierung 8, 16
XO-Konstellation 21, 31

Y-Chromatin 7, 12
Y-Chromosom 7 f., 29, 32, 55 f., 103

Zentriol 6
Zweieiigkeit 72 f.
Zwillinge 66, 69 f., 109, 125
Zwillingsgeburten 69, 71, 73, 74
Zwillingsmethode 74

P. v. Sengbusch

Molekular- und Zellbiologie

1979. 616 Abbildungen, 68 Tabellen. XI, 671 Seiten
Gebunden DM 88,–
ISBN 3-540-09454-7

Inhaltsübersicht: Einleitung. – Nukleinsäuren. – Proteine. – Membranen. – Cytoskelette und kontraktile Strukturen. – Supramolekulare Strukturen. – Zellen. – Vielzellige Systeme. – Sachverzeichnis.

Die Molekular- und Zellbiologie erlebte Anfang und Mitte der siebziger Jahre eine Phase intensiver Forschung, deren Ergebnisse im vorliegenden Lehrbuch vorgestellt werden. Eingehend behandelt werden:

– die für alle lebenden Systeme wichtigsten Makromolekülklassen (Nukleinsäuren und Proteine);
– Membranen und andere supramolekulare Strukturen (Cytoskelette, Ribosomen, Chromatin, Chromosomen, Viren, u.a.);
– Bedeutung von Zelloberflächen für die Zell-Zell-kommunikation, sowie für den Stoff- und Informationsaustausch von normalen und Tumorzellen;
– die Entstehung, Organisation und Funktion zellulärer Netzwerke.

Die Entwicklung der Komplexität im Verlauf der Evolution und der Ontogenese bildet den Leitgedanken des Buches. Mit Nachdruck wird auch auf die Bedeutung des Einsatzes von Mutanten hingewiesen, um zu veranschaulichen, welchen Beitrag die genetische Forschung für die Aufklärung biologischer Vorgänge auf allen Organisationsebenen geleistet hat und immer noch leistet.

Dieses Lehrbuch wird nicht nur bei Biologie-Studenten und Dozenten Interesse und Begeisterung für die Molekular- und Zellbiologie erwecken, sondern ist auch jedem Nicht-Biologen zu empfehlen, der sich über Ergebnisse und Probleme auf diesen aktuellen Gebieten informieren möchte.

Springer-Verlag
Berlin
Heidelberg
New York

L. S. Penrose

Einführung in die Humangenetik

Übersetzt und ergänzt von J. Köbberling

2., erweiterte und verbesserte Auflage 1973. 29 Abbildungen. XI, 141 Seiten (Heidelberger Taschenbücher, Band 4)
DM 18,80
ISBN 3-540-06283-1

Inhaltsübersicht: Grundlegende Beobachtungen. Wirkungen einzelner Gene. Gene und Populationen. Gemeinsames Vorkommen von Merkmalen und Kopplung. Wechselwirkungen zwischen Umwelt und Erbe. Eugenik.

"...Viele sehr gut ausgewählte und sehr anschauliche Darstellungen ergänzen den Text. – Diese Einführung in die Humangenetik ist ein Musterbeispiel dafür, wie man durch geschickten Aufbau, unkomplizierte Ausdrucksweise und sorgfältige Auswahl eine an und für sich schwierige und überaus komplexe Materie auch dem Nichtfachmann so präsentieren kann, daß er das Bändchen, sobald er darin zu blättern anfängt, liest und sich spielerisch einen durchaus soliden Überblick verschafft. Das Buch spricht einen aussergewöhnlich großen Leserkreis an. Nicht nur dem naturwissenschaftlich interessierten Laien und dem Studenten aller biologischen und medizinischen Fachrichtungen wird es wertvolle Dienste leisten, auch der in Forschung und Praxis tätige Arzt oder Biologe wird manchen Gewinn schöpfen."
Zentralblatt für Bakteriologie

W. Buselmaier

Biologie für Mediziner

Begleittext zum Gegenstandskatalog

4., überarbeitete und ergänzte Auflage 1979. 114 Abbildungen, 1 Tabelle. XI, 232 Seiten (Heidelberger Taschenbücher, Band 154)
DM 19,80
ISBN 3-540-09617-5

Inhaltsübersicht: Ultrastruktur der Zelle. – Funktionen der Zelle. – Genetik. – Evolution. – Morphologie und Physiologie ein- und mehrzelliger Organismen. – Grundlagen der Mikrobiologie. – Ökologie. – Glossarium der verwendeten Fachausdrücke. – Sachverzeichnis.

Springer-Verlag
Berlin
Heidelberg
New York

"Das preiswerte, drucktechnisch gut ausgeführte Buch ist für unsere derzeitigen Medizinstudenten der Vorklinik unentbehrlich. Auch Studenten der Klinik und Ärzte verschiedener Fachrichtungen, die rasche Informationen über genetische Probleme suchen, werden das Taschenbuch mit Gewinn lesen."
Medizinische Klinik

MIX
Papier aus verantwortungsvollen Quellen
Paper from responsible sources
FSC® C105338

If you have any concerns about our products,
you can contact us on
ProductSafety@springernature.com

In case Publisher is established outside the EU,
the EU authorized representative is:
**Springer Nature Customer Service Center GmbH
Europaplatz 3, 69115 Heidelberg, Germany**

Printed by Libri Plureos GmbH
in Hamburg, Germany